감각통합·언어·심리 영역에 꼭 필요한 전문가 추천 놀이법

0~5세
성장 발달에 맞추는
놀이 육아

일러두기

- 이 책에서 감각통합 영역은 작업치료사가, 언어 영역은 언어재활사가, 심리 영역은 상담심리사가 담당하였습니다.
- 이 책에서 소개하는 놀이법은 아이의 개월별 성장 발달에 맞춰 감각통합, 언어, 심리 영역의 비중을 조절하였습니다.
- 아이 이름은 여자는 '민서', 남자는 '정우'로 통일하였습니다.
- 놀이를 설명하는 부문에서만 엄마, 아빠 호칭으로 하고 이외에는 양육자로 통일하였습니다.
- 아이의 개월 수를 표기할 때 '생후' 단어는 기재하지 않았습니다.

감각통합·언어·심리 영역에 꼭 필요한 전문가 추천 놀이법

0~5세
성장 발달에
맞추는
놀이 육아

김원철 | 강윤경 | 김연목 | 이지영 지음

마음책방

현직 발달센터 '감각통합, 언어, 심리' 전문가가
아이의 성장을 도와줄 최적화된 성장 발달 놀이를 추천합니다

자녀를 양육하다는 건 참 어렵고 힘듭니다. 아이가 자라는 동안 여러 가지 어려움이 많지만, 그중에서도 아이가 잘 자라는 건지 판단이 서지 않을 때는 불안감이 밀려옵니다. 성장이 빠르면 그나마 나은데, 느릴 때는 초조하기까지 합니다.

아이의 성장 발달 중 가장 중요한 시기는 0세부터 5세(60개월)입니다. 이 시기에는 양육자와의 상호작용과 다양한 놀이를 통해 신체와 언어, 인지, 정서와 사회성 영역이 하루가 다르게 성장합니다. 따라서 아이에게 놀이는 선택이 아닌 필수입니다.

놀이는 아이가 태어나면서부터 시작되어야 합니다. 특히 발달 과정에 맞는 적절한 놀이는 각 영역을 골고루 성장하도록 도와줍니다. 뿐만 아니라 발달기 아이에게 양육자는 곧 환경이기 때문에 양육 태도에 따른 적절한 자극과 반응은 아이가 가진 잠재력까지 발휘하도록 도와줍니다.

그럼 양육자가 아이의 발달 시기에 맞춰 '무엇으로, 어떻게' 놀아줘야 할까요? 이 책에 해답을 담았습니다. 현직에서 활동하는 각 분야의 전문가들(작업치료사, 언어재활사, 상담심리사)이 모여서 0세부터 5세까지 가장 효과적이고 최적화된 '성장 발달 놀이'를 소개하였습니다. 그리고 이 놀이는 아이에게 가장 중요한 영역인 신체(감각통합)와 언어, 정서와 사회성(심리) 발달을 중점적으로 다루고 있습니다.

먼저 감각통합 영역의 놀이에서는 신체의 대근육과 소근육 발달에 집중하였습니다. 이에 발달 과정에 맞는 적절한 감각(촉각, 고유수용성감각, 전정감각, 청각, 미각, 후각, 시각) 자극과 경험을 통해 아이가 재밌고 긍정적으로 성취할 수 있도록 하였습니다.

전반적인 발달 과정 중 가장 중요한 역할을 하는 영유아기의 감각통합은 뇌에서 쏟아져 들어오는 수많은 감각 자극을 정리하고 의미 있는 정보에 집중해서 주어진 환경에 맞게 적응하고 행동하도록 도와주어 학습과 사회적 행동을 위한 기초를 만들어줍니다.

언어 영역의 놀이에서는 언어 이해력과 표현 능력을 키우는 데 집중하였습니다. 더 나아가 또래와 관계를 맺을 때 상황을 이해하고 적절하게 자기 의사를 전달하며 사고력을 확장할 수 있도록 하였습니다. 이에 양육자와의 상호작용과 일상생활(밥 먹기, 옷 입기, 씻기, 청소하기, 유치원 가기 등) 속 놀이를 통해 자연스럽게 언어를 습득할 수 있도록 하였습니다.

언어 능력은 세상을 살아가는 데 꼭 필요한 의사소통의 도구입니다. 발달 시기에 맞는 적절한 언어 자극과 사회적 경험은 아이의 전반적인 발달에 기반이 됩니다.

심리 영역의 놀이는 양육자와의 애착 형성, 인지 능력, 정서와 사회성 발달에 집중하였습니다. 놀이를 통해 소통하는 아이들의 특성에 맞춘, 자신과 상대방의 마음을 알고 수용하는 놀이와 타인과 신뢰감을 형성하는 놀이로 정서와 사회성을 키워주고 있습니다. 특히 정서를 조절하고 표현 능력을 길러주며 사회적 적응력까지 높여주는 양육자와의 상호작용 놀이는 겉으로 잘 드러나지 않아 놓치기 쉬운 정서 발달에 도움을 줍니다.

이처럼 이 책은 성장 시기에 맞춰 해당 영역별 놀이 비중을 조정함으로써 양육자가 아이의 발달에 맞춰 개월별로 차근차근 놀아줄 수 있도록 안내하고 있습니다.

다음은 이 책의 장점입니다.

첫째, 각각의 놀이마다 감각통합, 언어, 심리 분야의 전문가들이 함께 참여하여 발달 시기별 다양한 놀이법을 알려주고 있습니다. 또한, 놀이 하나하나마다 전문가들의 놀이 팁과 다각적인 분석으로 놀이 활동과 정보의 질을 높였습니다.

둘째, '이 개월 수에는 이런 점이 궁금해요'를 통해 발달 시기별 전문가 조언으로 양육자가 꼭 알아야 할 육아 정보와 발달 과정의 궁금증을 풀어주고 있습니다.

셋째, 성장이 빠르거나 놀이를 다양하게 하고 싶은 양육자를 위해 '놀이 확장하기'를, 아이의 발달이 더뎌서 불안해하는 양육자를 위해 '놀이 도와주기'를 제공하였습니다. 특히 '놀이 도와주기'는 시기별 발달이 아닌 아이의 발달 수준에 맞는 놀이 중심으로 소개하였습니다. 이때 양육자는 조급함을 잠시 내려놓고 아이의 발달 수준에 맞는 적절한 자극을 주면서 아이가 성취감을 느낄 수 있도록 기다려주는 것이 중요합니다.

넷째, '이 개월 수에는 이런 걸 할 수 있어요'로 아이의 발달 상황을 확인함으로써 주력해야 할 놀이를 알 수 있도록 하였습니다.

다섯째, 임상경험이 풍부한 전문가들이 추천하는 놀이법은 주변에서 쉽게 구할 수 있는 도구나 아이와 함께 일상생활에서 쉽게 적용할 수 있는 활동 위주로 제시하였습니다.

책의 구성은 크게 성장 발달에 맞춰 0~12개월, 13~24개월, 25~36개월, 37~48개월, 49~60개월 등 총 5장으로 나누고, 세부적으로는 시기별 성장 발달 특징을 비롯해 놀이의 필요성과 기대효과, 성장 발달 놀이, 전문가 TIP, 육아 Q&A 등 유익한 핵심 정보들로 구성하였습니다.

또한, '놀이 확장하기'와 '놀이 도와주기'를 통해 성장이 빠르면 빠른 대로, 느리면 느린 대로 아이의 발달에 맞춘 놀이를 함께 제공함으로써 영유아 자녀를 둔 양육자에게 꼭 필요한 책이 되고자 하였습니다.

아이를 출산하면서부터는 많은 양육자가 아이의 발달에 무거운 책임을 느낍니다. 이 책은 아이의 성장을 위해 양육자가 놀아주고 싶어도 방법을 잘 모를 때 큰 도움이 될 것입니다. 각 분야의 전문가들이 힘을 모아 소개하는 놀이가 사랑스러운 우리 아이들의 건강한 발달에 진정한 도움이 되기를 바랍니다.

김원철, 강윤경, 김연목, 이지영

차례

PART 1

O~12개월 성장 발달 놀이

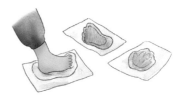

PART 4 37~48개월 성장 발달 놀이

이 책을 이렇게 구성했어요

1 PART 대문

0~60개월을 총 5개 PART로 나눠서 소개합니다.

1 PART 개월 수 소개

0~60개월을 0~12개월, 13~24개월, 25~36개월, 37~48개월, 49~60개월 등 총 5개 PART로 나눠서 소개합니다.

'1단계, 개월 수에 따른 아이의 발달 특징' 제목

놀이를 개월 수에 맞춰 총 3단계로 나눠서 소개합니다.
• 1단계, 개월 수에 따른 아이의 발달 특징
• 2단계, 발달 특징별 놀이
• 3단계, 직접 실행할 수 있는 놀이

'2단계, 발달 특징별 놀이' 제목

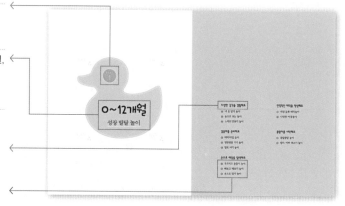

개월 수 소개

0~60개월 수를 12개월씩 나눠서 소개합니다.

'1단계, 개월 수에 따른 아이의 발달 특징' 제목

이 놀이를 추천하는 이유

2단계, 발달 특징별 놀이가 아이의 성장에 어떤 도움을 주는지를 알려줍니다.
→ 양육자는 아이의 발달이 더딜 경우 놀이를 통해 해당 영역을 키워줄 수 있습니다.

'2단계, 발달 특징별 놀이' 제목

성장 발달을 위해 이렇게 놀아주세요

2단계, 발달 특징별 놀이를 실행할 때 '감각과 신체 발달', '언어 발달', '정서와 사회성'을 키우기 위해 어떻게 놀아주면 좋은지 놀이 방향을 알려줍니다.
→ 양육자는 놀이할 때 어떤 부문에 중점을 두어야 하는지를 알 수 있습니다.

이 개월 수에는 이런 걸 할 수 있어요

0~60개월까지 개월 수에 따른 아이의 성장 발달 특징을 영역별, 즉 감각통합(신체 발달), 언어(수용언어, 표현언어), 심리(정서와 사회성)를 구체적으로 알려줍니다.
→ 양육자는 이를 통해 개월 수에 따른 아이의 발달 수준을 점검할 수 있습니다.

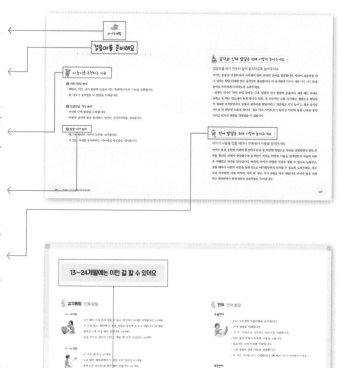

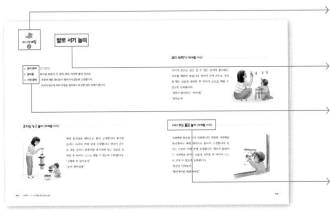

개월 수와 놀이 순서 소개

'0~12개월'은 0~60개월을 5개 PART로 나눈 개월 수이며, 'ⓖ'은 '2단계, 발달 특징별 놀이'의 순서입니다.

'2단계, 발달 특징별 놀이' 제목

놀이 분야와 준비물, 사전 준비

해당하는 놀이의 분야와 준비물, 그리고 놀이하기 전에 준비해야 할 사항을 알려줍니다.

'3단계, 직접 실행할 수 있는 놀이' 제목

발달 특징에 따른 놀이를 구체적으로 소개합니다. 즉, 양육자가 직접 실행할 수 있는 놀이를 알려줍니다.

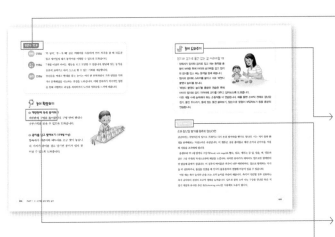

전문가 TIP

'감각통합, 언어, 심리' 분야의 전문가가 놀이할 때 어떻게 도와주는 것이 효과적인지 등을 알려줍니다.

놀이 도와주기

성장 발달이 느리거나 더디어서 아이가 '3단계, 직접 실행할 수 있는 놀이'를 바로 따라 하지 못하고 힘들어할 경우 아이의 발달을 위해 양육자가 어떻게 도와주면 되는지 놀이법을 알려줍니다.

놀이 확장하기

성장 발달이 빨라서 아이가 '3단계, 직접 실행할 수 있는 놀이'를 곧바로 따라 하거나 싫증을 낼 경우 이를 기반으로 한 확장된 놀이법을 다양하게 소개합니다.

잠깐, 쉬어가기

평소 궁금한 육아 정보를 알려줍니다.

이 개월 수에 이런 점이 궁금해요

아이가 자랄수록 궁금한 육아 정보를 개월 수에 따라 영역별 전문가가 알려줍니다.

→ 양육자는 놀이뿐만 아니라 개월별 육아 정보를 통해 아이의 성장을 도와줄 수 있습니다.

PART
1

0~12개월

성장 발달 놀이

0~12개월에는 이런 걸 할 수 있어요

 감각통합 신체 발달

0~3개월

- 주로 누워 있고 손가락을 움켜쥡니다. (1개월)
- 손에 무엇인가 들어오면 꽉 잡지만 금방 떨어트립니다. (2개월)
- 엎드려서 조금씩 머리와 가슴을 듭니다. (2개월)
- 30초 동안 손에 장난감을 쥡니다. (3개월)

4~6개월

- 엎드려서 팔꿈치를 지지하고 머리를 듭니다. (4개월)
- 양손에 하나씩 물건을 쥡니다. (5개월)
- 손가락으로 놀기 시작합니다. (5개월)
- 엎드린 상태에서 바로 돌아서 눕기도 합니다. (6개월)
- 배를 바닥에 대고 손에 힘을 주고 다리를 끌며 배밀이를 합니다. (6개월)
- 작은 물건들을 긁어모으고 집어 올립니다. (6개월)

7~9개월

- 5분 동안 혼자서 앉아 있습니다. (8개월)
- 네발 기기를 하고 잡고 섭니다. (9개월)
- 컵에 작은 블록을 넣고 꺼냅니다. (9개월)
- 손가락으로 물건을 집어 듭니다. (9개월)

10~12개월

- 잠깐이지만 도움 없이 혼자 서 있습니다. (10개월)
- 엄지와 검지를 사용해 물건을 집고 찢기 등의 행동을 모방합니다.
  (10개월)
- 장난감 자동차를 밀기도 합니다. (11개월)
- 물건을 가리킵니다. (11개월)
- 한 손을 잡아주면 몇 발짝 걸어갑니다. (12개월)

언어 언어 발달

수용언어

0~6개월

- 사람의 목소리를 알아듣고 소리가 나는 곳을 쳐다봅니다.
- 아기가 어떤 행동(울기, 놀기 등)을 할 때 말을 걸면 행동을 멈추고 말소리에 집중합니다.

7~12개월

- 맘마, 엄마, 빠빠이, 까꿍 등 익숙한 단어를 이해하고 반응합니다.
- '잼잼, 도리도리, 빠이빠이'와 같은 행동들을 이해하고 모방합니다.
- '주세요, 어부바, 코~ 자자, 가자' 등 제스처(손짓, 몸짓)와 함께 말하는 말(동사)을 이해합니다.
- '안 돼'라는 금지어를 듣고 행동을 잠깐 멈춥니다.
- 자기 이름을 이해하고 반응합니다.

표현언어

0~6개월

- 감정과 욕구를 울음으로 표현합니다.
- 기분에 따라 소리의 형태를 다르게 표현합니다.
- 주로 모음으로 옹알이를 합니다.

7~12개월

- 억양과 소리로 감정을 표현합니다.
- 옹알이가 자곤(성인의 낱말 운율과 유사한 무의미한 소리)으로 바뀝니다.
- 인사하기, 고개 젓기(아니야), 손가락으로 가리키기 등 사회적으로 통용되는 몸짓언어를 사용합니다.
- '짝짜꿍', '코코코', '잼잼' 등의 놀이를 합니다.
- '엄마', '아빠', '맘마' 등 익숙한 한 낱말을 모방하거나 스스로 표현합니다. (1~3개 이내)

심리 정서와 사회성

0～3개월

- 양육자를 향해 팔을 뻗으며 안기고 싶어 합니다.
- 안아주면 양육자의 팔 혹은 어깨를 잡으려는 등 안기에 참여합니다.
- 양육자의 목소리를 듣고 반응합니다.
- 양육자의 얼굴을 보고 사회적 미소를 지어 보입니다.
- 간지럼 태우기, 얼러주기에 웃거나 반응합니다.

4～6개월

- 즐거움을 웃음으로 표현하고, 또 해달라며 기대합니다.
- 까꿍놀이를 좋아하고 기대합니다.
- 좋고 싫음을 몸짓으로 표현합니다. (예 싫어하는 음식을 주면 밀어내기 등)

7～12개월

- 낯선 사람을 보면 울거나 경계합니다.
- 거울 속 자신을 알아봅니다.
- 대상영속성을 획득해서 물건을 수건으로 가려두면 찾으려고 합니다.
- 선호도가 뚜렷해집니다.

  (예 엄마, 아빠가 두 팔을 벌리고 있으면 더 좋아하는 사람에게 가서 안김)
- 칭찬받으면 좋아합니다.
- 기본적인 신변 처리가 가능해집니다. (예 컵으로 물 마시기)

다양한 감각을 경험해요

★ ★

 이 놀이를 추천하는 이유

❶ 내 몸 알기 놀이

- 자기 신체를 인식하도록 도와줍니다.
- 몸을 효율적으로 사용할 수 있는 기초를 잡아줍니다.

❷ 눈으로 보는 놀이

- 다양한 시각적 경험은 뇌 발달을 도와줍니다.
- 시각과 신체를 통합하는 놀이는 시지각 능력을 키워줍니다.

❸ 느끼고 맛보기 놀이

- 입으로 탐색하는 경험은 아이 주도 이유식으로 이어집니다.
- 다양한 음식을 맛보고 씹고 삼켜보는 놀이는 감각 경험과 저작 능력을 키워줍니다.
- 다양한 질감의 재료를 만져보는 경험은 세상을 긍정적으로 탐색하도록 도와줍니다.

감각과 신체 발달을 위해 이렇게 놀아주세요

다양한 자세를 익히고 감각을 충분히 느끼게 해주세요

아이가 가장 많은 변화를 겪는 시기입니다. 신생아 때 웅크리고 있다가 점차 기어 다니고 걸음마를 할 정도로 빠르게 성장합니다. 아이가 성장하고 발달하려면 신체 외부 감각(오감)과 내부 감각(전정감각, 고유수용성감각)이 아주 중요합니다.

따라서 발달에 맞는 자세와 움직임, 즉 엎드리기, 기기, 서기, 쥐기 등을 충분히 익히게 해주세요. 편안한 스킨십과 다양한 감각을 느낄 수 있는 활동도 꾸준히 경험하게 해주세요.

 ## 정서와 사회성 발달을 위해 이렇게 놀아주세요

편안한 스킨십으로 안정감을 느끼게 해주세요

생후 초기에 아이는 감각을 통해 세상을 탐색합니다. 다양한 자극물을 통한 감각 경험은 아이에게 세상이 신뢰할 만한 곳인지, 안전한 곳인지를 파악할 수 있게 도와줍니다. 이때 가장 중요한 감각 경험은 양육자가 주는 시각, 청각, 촉각적인 자극입니다.

따라서 양육자가 안고 어르고 달래고 눈을 맞추고 토닥이는 등의 밀접한 스킨십으로 아이에게 세상에 대한 안정감을 느끼도록 해주세요.

언어 발달을 위해 이렇게 놀아주세요

다양한 소리를 들려주고 말을 자주 건네주세요

아이는 울음으로 자신의 감정이나 욕구를 표현하고 호흡, 발성, 소리내기 등으로 청각 기관을 비롯해 다양한 신체 기관을 발달시킵니다. 또한, 양육자의 말소리에 다양한 의미를 부여하고 파악하기 시작합니다. 부드럽고 따뜻한 목소리, 크고 놀란 목소리 등 억양이나 크기에 따라 상대방의 감정을 이해하고 정서적 교감을 나눌 수 있습니다.

따라서 평소에 집안이나 주변 환경에서 나는 다양한 소리를 들려주고 양육자의 말소리에 주의를 기울일 수 있도록 아이에게 자주 말을 건네주세요.

구강 운동을 위해 다양한 재료로 이유식을 해주세요

아이는 이유식을 하면서 구강 조음 기관(입술, 혀, 치아 등)을 발달시킵니다. 즉 씹기, 핥기, 삼키기 등의 활동으로 다양한 재료의 맛과 질감을 느끼는데, 이때 구강 조음 기관과 필요한 근육을 함께 움직입니다. 이러한 움직임은 말을 하게 도와주고, 자연스레 언어 발달로 이어집니다.

따라서 구강 운동이 원활하게 이루어질 수 있도록 다양한 재료로 이유식을 해주세요.

내 몸 알기 놀이

신체 인식하기

★ **놀이 분야**   감각통합

★ **준비물**   낮잠 이불(또는 작은 담요)

★ **사전 준비**   • 낮잠 이불이나 작은 담요를 바닥에 펼칩니다.

　　　　　　　 • 다치지 않도록 미리 주변을 정리하고 푹신한 매트 위에서 합니다.

양손 모아주기 (2개월 이상)

민서 손이 두 개네

아이를 바로 눕힌 자세에서 양손을 모아줍니다.

"민서 손이네."

"민서 손이 두 개네."

"민서 손을 콩콩콩 부딪혀보자."

손 빨기 (3개월 이상)

아이를 바로 눕힌 자세에서 손을 아이 입 쪽으로
구부려주어 아이가 자신의 손을 빨아볼 수 있도록
도와줍니다.

"민서 손이네."

"민서 손도 쪽쪽 빨아보자."

민서 손도
쪽쪽 빨아보자

양발 보여주기 (4개월 이상)

아이를 바로 눕힌 자세에서 양발을 잡고 아이 몸
쪽으로 구부려주어 아이가 발을 볼 수 있도록 해줍
니다.

"민서 발이네."

"민서 발도 쪽쪽 빨아보자."

민서 발이네

전문가 TIP

 언어 선생님 놀이하면서 아이의 이름을 자주 불러줍니다. 일상생활에서 자기 이름을 많이 들으면 자기를 인식하는 데 도움이 됩니다.

감각 통합 선생님 • 양손을 모으는 놀이는 몸의 중앙을 인식시켜주고, 두 손을 사용하는 협응 능력을 길러줍니다.

• 발을 보여주는 놀이는 아이의 신체 탐색이 상체에서 하체로 이동하게 도와주어서 신체 인식이 향상됩니다.

• 손의 움직임이 미숙하고 주로 구강으로 탐색하는 시기이므로, 구강의 촉감을 이용해 신체를 탐색하도록 도와줍니다.

심리 선생님 양육자의 얼굴을 자주 보여주고 목소리를 자주 들려줍니다. 청각과 시각 자극은 상대방을 인식하는 데 도움이 되고 안정적인 애착 관계를 형성합니다.

 ## 놀이 확장하기

❶ 딸랑이 달아주기 (2개월 이상)

아이 '손목'에 딸랑이를 달아줍니다. 양손이 부딪힐 때 나는 딸랑이 소리와 움직임에 아이가 집중하게 됩니다. 다음에는 '발목'에 딸랑이를 달아줍니다.

❷ 몸에 있는 스티커 떼기 (7개월 이상)

아이의 팔과 다리에 접착력이 약한 스티커를 살짝 붙여줍니다. 아이가 자신의 팔과 다리를 보고 뗄 수 있게 합니다.

놀이 도와주기

3개월 지났는데 머리를 중앙에 놓지 못할 때

먼저 사경(경부가 뒤틀려 두부가 한쪽으로 기울어진 상태) 혹은 두개골의 모양을 관찰합니다.
이상이 없다면 엎드린 자세로 유지하는 활동을 꾸준히 합니다.

양발을 손으로 잡기 어려워할 때

• 엎드린 자세를 유지하면서 목을 세우는 움직임을 유도해 목과 몸통 근육을 자극해줍니다.
(38~40쪽, '터미 타임 놀이' 추천)
• 양육자가 아이의 양발을 잡고 아이의 손 위치까지 모아주어 잡을 수 있도록 도움을 줍니다.
• 아이를 바로 눕힌 후 엉덩이 밑에 수건을 말아 넣어 골반의 각도를 조절해서 아이가 자기 발을 볼 수 있게 해줍니다.
• 아이 발이 닿는 벽 쪽에 은박접시, 포장지, 비닐 등 소리가 나는 재료를 붙여서, 발버둥치다가 우연히 발로 차서 소리가 나도록 합니다. 이 활동은 발에 대한 인식을 높여줍니다.

손을 잘 사용하게 하려면

손을 잘 사용하기 위해서는 감각 기능이 발달해야 합니다. 손(피부, 근육, 인대 등)은 적절한 촉감과 고유수용성감각을 느낄 때 제대로 사용할 수 있기 때문입니다. 적절한 감각을 느끼지 못하면 크레용이나 연필 등을 목적에 맞게 사용하는 것이 어렵고, 조작 방법을 익히는 것도 힘겨울 수 있습니다. 따라서 감각 기능이 잘 발달할 수 있도록 다양한 물건과 도구를 만지고 쥐어보면서 여러 질감을 경험할 수 있게 도와줍니다.

눈으로 보는 놀이

시각 발달 놀이

★ **놀이 분야** 감각통합

★ **준비물** 리본, 끈, 천, 인형, 딸랑이, 훌라후프, 치발기, 페트병, 우산, 비즈

★ **사전 준비** • 낮잠 이불이나 작은 담요를 바닥에 펼칩니다.

　　　　　　　• 아이가 작은 재료를 입에 넣어 삼키지 않도록 각별히 주의합니다.

　　　　　　　• 모빌은 작고 가벼운 우산이나 양산을 사용합니다.

우산 모빌 보여주기 (2개월 이상)

우산을 이용하여 모빌을 만듭니다.

집에 있는 다양한 물건(리본끈, 장난감, 종이 등)을

우산에 매달아서 아이와 함께 바라봅니다.

"정우야, 리본이네."

"정우야, 딸랑이도 있네."

감각 페트병 보기 (3개월 이상)

투명한 페트병이나 물병에 비즈나 작은 장난감을
넣어준 후, 물로 채워 밀봉합니다. 아이 앞에 페트병
을 놓아 만져보게 하고 엄마가 페트병을 흔들면서
보여줍니다.

"정우야, 반짝반짝 구슬이네."

"구슬이 움직이네."

알록달록 훌라후프로 놀기 (5개월 이상)

훌라후프에 치발기, 입으로 빨아도 되는 천, 작은
인형을 달아줍니다. 훌라후프 안에 아이를 놓고 아
이가 자유롭게 기어다니며 장난감과 천을 탐색하
게 해줍니다.

"쪽쪽이가 달려 있네?"

"천도 만져보자."

전문가 TIP

언어 선생님 장난감에서 나는 소리와 엄마 목소리를 같이 혹은 따로 들려주면서
아이가 구분할 수 있게 자극을 줍니다.

감각 통합 선생님 신생아는 10~76cm 정도의 거리에 있는 사물에 초점을 맞추어 잘 볼 수
있습니다. 흰색, 검은색의 대비되는 그림을 더 잘 보며 눈동자의 정면보다
옆쪽에서 보여주면 금방 알아챕니다. 2개월 전까지는 모빌을 아이 옆으로
달아주는 것이 좋습니다.

심리 선생님 6개월 무렵에는 좋아하는 것과 그렇지 않은 것이 뚜렷해집니다. 여러 물건
을 함께 제시해서 아이 스스로 선호하지 않는 물건은 밀어내고, 좋아하는
물건은 잡아당기는 등 선호도를 표현하게 도와줍니다.

놀이 확장하기

❶ 훌라후프 커튼으로 놀기

훌라후프 테두리에 여러 개의 리본 끈을 커튼처럼 달아줍니다. 아이를 훌라후프 안에
놓고 까꿍놀이처럼 훌라후프를 위아래로 움직이면서 눈맞춤 놀이를 합니다.
또는 훌라후프 안에서 아이가 엎드리거나 앉아서 리본을 탐색하도록 도와줍니다.

놀이 도와주기

눈 맞추기를 어려워할 때

• 양육자가 양손으로 아이의 얼굴 주변을 감싸주고 양육자의 얼굴을 아이의 얼굴과
 가까이 놓고 눈맞춤을 합니다.
• 아이가 좋아하는 사물을 좌우로 이동하며 보여줌으로써 집중하도록 도와줍니다.

느끼고 맛보기 놀이
촉각, 미각 발달 놀이

★ **놀이 분야**   감각통합

★ **준비물**   두부, 미역, 바나나, 소면, 분유가루, 과일, 채소즙

★ **사전 준비**   • 아이에게 알레르기가 없는 재료를 선택합니다.

• 미역과 두부, 생야채즙은 한 번 데친 후 식혀서 준비합니다.

• 놀이할 때 욕실에서 하거나 혹은 바닥에 비닐이나 놀이 매트를 깔고 진행합니다.

먹는 촉각 놀이 (7개월 이상)

이유식에서 먹어본 재료(두부, 미역, 바나나, 소면 등)를 손으로 만져보게 합니다.
엄마가 먼저 재료를 만지는 모습을 보여준 후 아이가 직접 만져보게 합니다.
"이건 미역이야. 미끌미끌해. 만져볼까?"

천연물감 놀이 (10개월 이상)

아이가 이유식으로 먹어본 재료 중에서 색이 진한 과일과 채소(당근, 비트, 시금치, 포도 등)로 즙을 냅니다. 엄마가 먼저 만지는 모습을 보여준 후 아이가 직접 만져보게 합니다.

"시금치는 초록색이야."

"당근은 주황색이야."

전문가 TIP

 언어 선생님 식재료를 만지고 먹어보면서 자연스럽게 구강 운동(빨기, 씹기, 삼키기 등)을 하도록 도와줍니다.

감각 통합 선생님 • 구강기 시기에는 안전한 재료를 활용한 오감 놀이가 좋습니다. 이때 먹는 재료는 음식에 대해 긍정적인 경험을 안겨줍니다.

• 놀이하면서 아이가 음식 재료를 먹을 때 기도로 넘어갈 위험이 있으므로 양육자가 반드시 옆에서 주의 깊게 지켜봅니다.

 심리 선생님 이 시기는 구강 자극 욕구가 높아서 입으로 가져가는 것이 자연스러운 행동입니다. 충분한 구강 활동을 통해 쾌감과 정서적인 안정감을 경험하도록 도와줍니다.

놀이 확장하기

❶ 먹는 촉각 놀이 (7개월 이상)

• 두부 : 아이와 함께 손가락으로 구멍을 내고 손바닥으로 으깬 후에 짤주머니에 넣어 만져보고 짤주머니에서 나온 두부를 관찰합니다.

• 미역 : 마른 상태와 불린 상태의 촉감을 각각 느끼게 해줍니다. 불린 미역을 자기 팔, 다리에 붙이는 놀이를 합니다.

• 바나나 : 껍질을 조금 뜯어준 후 나머지는 아이가 잡고 벗길 수 있도록 해줍니다.

• 분유가루 : 마른 가루를 만져보고 물에 넣어 젖은 가루도 만져보게 합니다.

• 소면 : 마른 국수와 삶은 국수의 촉감을 각각 느끼게 해줍니다. 마른 국수로 부러트리는 놀이도 할 수 있습니다. 부서진 마른 국수를 스테인리스 그릇 위에 떨어트렸을 때 나는 소리를 들려줍니다.

❷ 천연물감 놀이 (10개월 이상)

아이와 함께 천연물감을 흰 종이 위에 묻히는 놀이를 합니다.

 놀이 도와주기

손에 뭐든 묻는 걸 싫어할 때

• 양육자가 먼저 충분히 만지는 모습을 보여줍니다.

• 아이 손에 묻지 않도록 재료를 지퍼백에 넣은 후에 만져보게 합니다.

걸음마를 준비해요

★ ★

 이 놀이를 추천하는 이유

④ 터미 타임 놀이

- 배밀이, 기기, 걷기 발달에 도움이 되는 항중력근(등쪽 근육)을 강화합니다.
- 목 가누기 움직임은 뇌 발달을 도와줍니다.

⑤ 엉금엉금 기기 놀이

- 전신의 근력 발달을 도와줍니다.
- 다양한 공간에 몸을 통과하는 놀이는 공간지각력을 길러줍니다.

⑥ 발로 서기 놀이

- 대근육 발달과 시지각 능력을 길러줍니다.
- 서 있는 자세를 무서워하는 아이에게 자신감을 심어줍니다.

감각과 신체 발달을 위해 이렇게 놀아주세요

걸음마를 하기 전부터 많이 움직이도록 놀아주세요

아이는 몸통(몸 중심부)에서 시작해서 팔과 다리의 순서로 발달합니다. 따라서 걸음마를 하기 전에는 발달 단계에 맞는 움직임이 필요합니다. 이 움직임(목 가누기, 네발 기기, 서기 등)을 놀이로 튼튼하게 다져지도록 도와주세요.

신생아 시기의 '터미 타임 놀이'는 근육 발달과 인지 발달에 좋습니다. 재울 때는 똑바로 눕히고 놀 때는 엎드려서 놀게 합니다. 특히, 목 가누기는 뇌를 자극하는 행동으로 발달에 꼭 필요한 움직임입니다. 몸통과 팔다리를 발달시키는 '엉금엉금 기기 놀이'는 협응 움직임이므로 뇌 발달에 도움을 줍니다. '잡고 서고 기어오르기 놀이'는 다리와 몸통 근육을 발달시키고 위치의 변화를 경험해줄 수 있습니다.

 ## 언어 발달을 위해 이렇게 놀아주세요

아이가 사물을 접할 때마다 반복해서 이름을 말해주세요

아이는 울음, 옹알이 이외에 몸짓이나 손짓 등 다양한 방법으로 자신을 표현하면서 말할 준비를 합니다. 신체가 발달할수록 움직임이 커지고 다양한 사물을 탐색하면서 사물의 이름을 이해하고 의미를 알아갑니다. 따라서 아이가 다양한 사물을 접할 수 있도록 도와주고, 접할 때마다 사물의 이름을 반복적으로 얘기해주어서 인식할 수 있도록 도와주세요. 걸음마를 시작하면 "가자, 어부바, 이리 와" 같은 지시 표현을 자주 해줍니다. 아이가 말을 이해하고 행동하면서 양육자와의 상호작용도 늘어납니다.

터미 타임 놀이

★ **놀이 분야** 감각통합

★ **준비물** 수유 쿠션, 수건, 장난감,

센서리백 재료(지퍼백, 물, 비즈, 곡물 등 감각기관을 자극하는 것)

★ **사전 준비** • 다치지 않도록 미리 주변을 정리하고 푹신한 매트 위에서 합니다.

• 센서리백을 줄 때는 터지지 않도록 밀봉합니다.

터미 타임 (신생아)

엄마가 바로 누운 후 배 위에 아이를 엎드려서 올려줍니다. 아이 얼굴은 옆을 보게 하고 엄마의 심장소리와 목소리를 들려줍니다.

"민서가 엄마 배 위에 있네."

"엄마 심장소리를 들어봐."

터미 타임 플레이 (3개월 이상)

엎드려 있는 아이에게 지퍼백으로 만든 센서리백
(sensory bag)을 주어 만져보게 합니다. 엄마와 함
께 센서리백를 만져보며 엎드려 있는 자세를 유지
하게 합니다.
"엄마랑 같이 만져보자."
"이거 물컹하다."

터미 타임 라이딩 (5개월 이상)

담요 위에 아이가 엎드리게 합니다. 엄마가 아이 머
리 쪽에 있는 담요 끝을 잡고 천천히 끌며 움직입
니다.
"담요 기차 타보자."
"칙칙폭폭 움직인다."

감각 통합 선생님 • 센서리백 만들기 : 지퍼백 안에 폼폼이, 장난감, 비즈 등을 넣고 물을 넣어 줍니다. 지퍼백이 터지지 않도록 마감 처리를 합니다.

• 터미 타임 라이딩 놀이할 때 움직임이 너무 빠르면 아이에게 불안감을 주고 사고의 위험이 있습니다. 아이의 표정을 관찰하며 담요를 움직여줍니다.

심리 선생님 엎드려 있는 아이를 쓰다듬거나 조용한 노래를 불러주면 심리적인 안정감을 줄 수 있습니다. 터미 타임 라이딩 놀이할 때는 거실이나 부엌 등 장소를 이동하면서 시각적으로 다양한 환경을 보여주어 호기심을 자극하면 더욱 좋습니다.

 ## 놀이 확장하기

❶ 거울 놀이

아이가 엎드린 자세에서 아이 앞에 거울을 보여줍니다. 아이가 엎드린 자세를 유지하면서 자기 얼굴을 볼 수 있도록 도와줍니다.

 ## 놀이 도와주기

머리 들기를 힘들어할 때

수유 쿠션이나 돌돌 말은 수건을 아이의 양쪽 겨드랑이 밑에 넣어서 잡아준 후 아이를 엎드리게 합니다. 이 자세는 어깨 관절에 안정감을 주어서 수월하게 목을 들 수 있게 도와줍니다.

엉금엉금 기기 놀이

★ 놀이 분야　감각통합

★ 준비물　쿠션, 종이상자, 비닐, 다양한 재질의 천

★ 사전 준비　• 종이박스와 매트로 터널을 만들 때는 무너지지 않도록 고정시켜줍니다.

　　　　　　• 다치지 않도록 미리 주변을 정리하고 푹신한 매트 위에서 합니다.

울퉁불퉁 쿠션 장애물 통과하기 (7개월 이상)

쿠션 3~4개를 이용해 길을 만듭니다. 쿠션 사이에는 비닐이나 다양한 촉감의 천을 깔아 놓습니다. 쿠션에는 아이가 좋아하는 장난감이나 물건을 놓고 장애물 길을 통과하도록 유도합니다.

"민서가 좋아하는 인형이네."

"올라가자."

종이상자 터널 지나가기 (9개월 이상)

아이가 충분히 들어갈 커다란 상자를 준비합니다. 상자 위아래를 모두 펼쳐서 터널처럼 만들어줍니다. 엄마는 터널 맞은편에서 아이와 눈맞춤을 하며 아이가 터널을 통과할 수 있도록 유도합니다.

"민서야! 엄마한테 오세요."

"엉금엉금 기어서 가자."

전문가 TIP

 선생님 6~9개월의 아이는 '까꿍', '빠이빠이' 같은 행동을 이해합니다. 터널 놀이 할 때 아이 맞은편에서 기다리다 까꿍놀이를 하거나 아이 얼굴이 보일 때 '빠이빠이' 인사를 하면서 상호작용을 합니다.

 선생님 엉금엉금 기기 놀이는 뇌와 신체 발달을 도와주는 중요한 동작입니다. 놀이를 꾸준히 하여 아이의 움직임이 활발해지도록 도와줍니다.

 선생님 엉금엉금 기기 놀이할 때 모든 가족 구성원이 아이 맞은편에서 자신에게 안기라고 손을 뻗습니다. 아이가 장애물을 넘거나 터널을 통과해 좋아하는 가족 구성원에게 가도록 해줍니다. 이렇듯 아이가 좋아하는 것을 표현할 수 있도록 도와줍니다. 이때 양육자가 안아주기, 칭찬해주기 등의 상호작용으로 아이의 정서 발달을 도와줍니다.

놀이 확장하기

❶ 종이상자 터널 지나가기 (9개월 이상)

• 종이상자 터널 끝에 리본 끈을 커튼처럼 달아주어서 아이가 상자를 빠져나올 때 끈의 촉감을 느낄 수 있도록 합니다.

• 종이상자 곳곳에 구멍을 뚫어 트리 전구를 심어주면 터널 안이 밝아져서 아이가 더 흥미롭게 활동할 수 있습니다.

 놀이 도와주기

쿠션을 잘 넘어가지 못할 때
높이가 낮은 쿠션을 골라서 놓아줍니다. 아이의 엉덩이를 살짝 받쳐주어 넘어갈 수 있도록 도움을 줍니다.

종이상자 터널에 들어가는 걸 무서워할 때

• 터널의 길이를 짧은 것부터 시도하여 점차 긴 터널로 활동할 수 있도록 난이도를 조절해줍니다.

• 아이가 좋아하는 장난감을 터널 안에 넣어두고 가져오게 합니다.

발로 서기 놀이

★ **놀이 분야**　감각통합

★ **준비물**　휴지심, 폼폼이, 끈, 집게, 과자, 지퍼백, 물감, 장난감

★ **사전 준비**　• 공중에 매단 장난감이 떨어지지 않도록 고정합니다.

　　　　　　　• 다치지 않도록 미리 주변을 정리하고 푹신한 매트 위에서 합니다.

휴지심 농구 놀이 (10개월 이상)

벽에 휴지심을 테이프로 붙여 고정합니다. 휴지심 높이는 아이의 키에 맞게 조절합니다. 엄마가 손으로 작은 공이나 폼폼이를 휴지심에 넣는 모습을 보여준 후 아이가 스스로 해볼 수 있도록 도와줍니다.

"구멍에 쏙 넣어보자."

"공이 떨어졌네."

과자 따먹기 (10개월 이상)

아이가 손으로 잡고 설 수 있는 높이에 좋아하는 과자를 매달아 놓습니다. 엄마가 먼저 손으로 과자를 떼는 모습을 보여준 후 아이가 스스로 해볼 수 있도록 도와줍니다.

"정우가 좋아하는 '까까'네."

"잡아보자."

서서 하는 물감 놀이 (12개월 이상)

지퍼백에 물감을 짜서 밀봉합니다. 밀봉한 지퍼백을 유리창이나 벽에 테이프로 붙여서 고정합니다. 높이는 아이의 키에 맞게 조절합니다. 엄마가 물감이 든 지퍼백을 만지는 모습을 보여준 후 아이가 스스로 만질 수 있도록 도와줍니다.

"물감을 만져보자."

"빨간색이랑 파란색이네."

전문가 TIP

언어 선생님 이 시기의 아이는 움직임이 많아지고 활동이 다양해지면서 그와 관련된 단어나 동작에 대한 어휘 이해력도 늘어납니다. 놀이할 때 적절한 단어를 자주 들려줍니다.

감각통합 선생님
• 과자 잡는 집게는 장력이 약한 것으로 선택합니다.
• 지퍼백으로 하는 촉감 놀이는 물감이 손에 묻는 것에 대한 거부감을 줄여줄 수 있습니다. 촉각이 예민한 아이에게 활용하면 유용합니다.

심리 선생님 이 시기의 아이는 칭찬을 이해하고 반응합니다. 양육자를 따라 폼폼이를 골인시키거나 과자를 따먹을 때, 놀이 중에 양육자를 바라볼 때 과장되게 칭찬해주거나 웃어주면 아이는 자신을 긍정적으로 인식합니다.

 놀이 확장하기

❶ 이동하며 과자 따먹기

벽에 여러 개의 과자를 나란히 달아주고, 아이가 스스로 가구나 벽을 잡고 옆으로 옮겨가면서 먹을 수 있도록 도와줍니다.

 놀이 도와주기

잡고 서는 것을 어려워할 때

아이의 앉은키 높이에 맞춰 과자를 달아주고 따먹을 수 있도록 도와줍니다.
잡고 서기 전에 네발 기기를 충분히 하여 필요한 대근육을 발달시킵니다.

손으로 세상을 탐색해요

★ ★

 이 놀이를 추천하는 이유

❼ 두드리고 흔들기 놀이

- 다양한 재료를 만지고 손으로 조작하는 놀이는 소근육 발달을 도와줍니다.
- 움직임을 통해 소리의 반응을 알아가는 놀이는 청지각과 인지 능력을 길러줍니다.

❽ 빼보고 떼보기 놀이

- 빼고 떼보는 놀이는 소근육 발달을 도와줍니다.

❾ 손으로 잡기 놀이

- 작은 물건을 잡아보는 움직임은 소근육 발달을 도와줍니다.

감각과 신체 발달을 위해 이렇게 놀아주세요

뇌 발달을 위해 소근육 놀이를 꾸준히 해주세요

'손을 써야 뇌가 발달한다'라는 말이 있습니다. 몸에서 손의 면적은 작지만, 뇌에서 손이 차지하는 영역은 다른 신체 부위보다 큽니다. 그만큼 손 사용은 뇌 발달과 밀접합니다. 따라서 뇌 발달을 위해 발달 단계에 맞는 소근육 활동을 꾸준히 해주세요.

4~6개월에는 점차 목과 몸통이 안정되면서 손을 뻗어 잡을 수 있고, 손에 잡히는 것은 입으로 가져가고 흔들기도 합니다. 7~9개월에는 앉기 시작하면서 손 조작이 매우 빠른 속도로 발달합니다. 양손에 장난감을 잡고 흔들고, 앉혀 놓으면 장난감을 손에 쥐고 혼자 놀기도 합니다. 따라서 이때는 잡고 끌고 두드리는 움직임 놀이를 해주세요.

10~12개월에는 바퀴 달린 장난감을 밀 수 있고, 엄지와 검지를 사용하여 물건을 잡으려고 합니다. 또 입으로 탐색하는 행동보다 양손으로 조작하는 행동이 늘어납니다. 따라서 이때는 밀기, 끌기, 움켜쥐기, 돌리기 등의 놀이를 꾸준히 해주세요.

정서와 사회성 발달을 위해 이렇게 놀아주세요

인지 발달을 위해 손으로 하는 다양한 놀이를 해주세요

무언가를 두드리고 잡아당기고 흔들어보는 등 단순한 놀이를 반복하는 시기입니다. 이런 놀이를 바탕으로 원인에 따른 결과를 이해하고, 점차 의도를 가진 행동으로 발달합니다. (예 컵을 두들기면 나는 소리가 재미있어서 바닥에 두들겨본다.) 인지 발달에 도움을 주는 소근육 활동을 꾸준히 해주세요. 이 놀이는 이후에 사회적 상황을 이해하기, 상황에 맞게 행동하기 등 사회성 발달의 기초가 됩니다. 이때 아이가 장난감뿐만 아니라 다양한 사물을 가지고 놀 수 있도록 도와주세요. 주변의 위험한 물건을 미리 치워서 안전한 환경을 만들어 줍니다.

 ## 언어 발달을 위해 이렇게 놀아주세요

아이의 행동 요구에 적극적으로 반응해주세요

아이는 신체가 발달하면서 자기 의사를 표현하기 시작합니다. 이때 제스처를 동반하는데, 예를 들면 '주세요, 이리 와, 이거' 등 양육자를 잡아끌거나 손을 뻗거나 손바닥을 내밀거나 손가락으로 가리키며 표현합니다.

따라서 아이가 보여주는 행동 요구에 적합한 언어로 표현해주면서 적극적으로 반응해주세요. 양육자와의 원활한 상호작용이 언어 발달의 시작입니다.

두드리고 흔들기 놀이

★ 놀이 분야   감각통합

★ 준비물   페트병, 분유통, 냄비, 콩 또는 쌀

★ 사전 준비   • 페트병의 내용물이 나오지 않도록 단단히 밀봉합니다.

　　　　　　• 다치지 않도록 미리 주변을 정리하고 푹신한 매트 위에서 합니다.

페트병 흔들기 (7개월 이상)

작은 페트병에 곡물을 넣어주고 밀봉합니다. 엄마가
양손으로 페트병을 잡고 흔들고 부딪치는 모습을
충분히 보여준 후 아이가 해보게 합니다.

"콩이 들어 있네."

"두 손으로 부딪혀보자. 콩콩콩."

무엇이든 두드리기 (7개월 이상)

집에 있는 물건(냄비, 분유통, 상자 등)을 손이나 도구로 두드리는 모습을 엄마가 충분히 보여준 후 아이가 해보게 합니다.

"이건 냄비야."

"통통통 소리가 난다."

전문가 TIP

언어 선생님 6~9개월의 아이는 음악의 리듬을 타고 즐기거나 몸을 움직일 수 있습니다. 신나는 동요를 들려주고 장난감 악기를 흔들거나 두드리게 하여 다양한 소리 자극을 느끼게 합니다.

감각통합 선생님 장난감에서 나오는 불빛과 기계음 소리를 많이 듣는 것보다 집 안에 있는 익숙한 물건을 직접 흔들거나 두드려서 친숙한 소리를 들어보는 활동은 발달 과정에 더 긍정적인 영향을 줍니다.

심리 선생님 아이가 페트병을 굴리거나 물건을 두드리는 행동이 위험한 상황이 아니라면 그냥 지켜봐 줍니다. 자기 행동에 따른 결과를 보면서 인과관계 개념을 익히고 문제해결을 위해 다양한 시도를 해보는 탐색 과정입니다.

놀이 확장하기

❶ 흔들기 (7개월 이상)

- 페트병을 눕히고 굴려서 잡는 놀이를 합니다.
- 페트병에 리본을 달아 흔들어보는 놀이를 합니다.

❷ 두드리기 (7개월 이상)

- 분유통을 눕히고 굴려서 잡는 놀이를 합니다.
- 분유통에 곡물을 넣고 밀봉하여 아이가 굴릴 때 소리가 나게 합니다.
- 아이가 보는 앞에서 냄비 안에 장난감을 넣고 뚜껑을 닫은 후 장난감을 찾도록 합니다.

 ## 놀이 도와주기

장난감을 잡고 흔들거나 두드리기를 어려워할 때

- 양육자가 먼저 장난감을 두드리거나 흔
  드는 동작을 충분히 보여준 후에 아이
  손을 잡고 함께 합니다.
- 손으로 장난감이나 통을 두드려보는 활
  동을 함께 해봅니다.
- 잡기가 잘 안 된다면 양육자가 함께 다양
  한 물건을 잡아보면서 감각 자극을 느끼
  게 합니다.

빼보고 떼보기 놀이

★ 놀이 분야　감각통합

★ 준비물　구멍이 있는 통(찜기 등), 리본끈, 접착 시트지, 마스킹 테이프, 링 장난감,

　　　　　가벼운 장난감, 폼폼이

★ 사전 준비　• 재료를 입에 넣어서 삼키지 않도록 주의합니다.

　　　　　• 다치지 않도록 미리 주변을 정리하고 푹신한 매트 위에서 합니다.

붙은 장난감 떼보기 (7개월 이상)

접착 시트지에 가벼운 장난감이나 링을 붙입니다.
엄마가 링을 떼는 것을 충분히 보여준 후 아이가
해보게 합니다.
"링이 붙어 있네."
"민서가 떼어보자."

끈 잡고 빼기 (7개월 이상)

구멍이 있는 통에 리본끈을 넣은 후 통 사이 구멍으로 리본끈을 살짝 빼놓습니다. 리본끈을 잡고 빼는 모습을 엄마가 충분히 보여준 후 아이가 해보게 합니다.

"여기에 끈이 있네."

"민서가 뽑아보자."

테이프 떼기 (10개월 이상)

책상이나 창문에 마스킹 테이프를 붙입니다.

이때 한쪽 끝을 살짝 떼어 놓습니다.

아이가 살짝 떼어 놓은 테이프를 잡고 떼보도록 도와줍니다.

"테이프가 붙어 있네."

"민서가 떼어보자."

전문가 TIP

 감각통합 선생님 끈 잡고 빼기 놀이할 때 구멍이 있는 통이 없다면 작은 상자에 구멍을 뚫어서 사용합니다.

 심리 선생님 '테이프 떼기' 놀이할 때 마스킹 테이프를 코팅된 양육자의 사진 위에 붙여서 일부를 가립니다. 테이프를 떼어 내면 가려졌던 사진이 나타난다는 것을 알게 하고, 양육자의 얼굴을 인식하도록 도와줍니다.

 ## 놀이 확장하기

❶ 손수건 빼고 담기 (7개월 이상)

빈 각티슈 통에서 손수건을 넣었다가 뺀 후에 다시 넣는 놀이를 함께 합니다.

❷ 포스트잇 떼기 (9개월 이상)

집안 곳곳에 아이의 눈높이에 맞춰 포스트잇을 붙입니다.

네발 기기를 하며 돌아다니면서 붙어 있는 포스트잇을 떼보는 놀이를 합니다.

벽을 잡고 설 수 있다면 서 있는 위치에 포스트잇을 붙여서 떼보게 합니다.

 ## 놀이 도와주기

잡고 빼기를 어려워할 때

• 양육자가 손으로 잡고 빼는 동작을 아이에게 충분히 반복해서 보여줍니다.

• 양육자가 아이의 손을 잡고 다양한 물건을 함께 잡아보면서 반복적으로 연습합니다.

손으로 잡기 놀이

★ **놀이 분야** 감각통합

★ **준비물** 바구니, 끈(또는 고무줄), 장난감, 종이컵, 빨대(또는 나무스틱), 페트병,
폼폼이(또는 비즈, 콩), 계란판, 색종이

★ **사전 준비** 작은 물건을 집는 활동을 할 때 삼키지 않도록 각별히 주의합니다.

거미줄 구출하기 (10개월 이상)

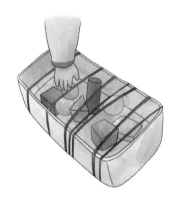

바구니에 아이가 좋아하는 장난감을 넣고 끈이나 고무줄로 둘러서 거미줄처럼 만듭니다. 엄마가 끈이나 줄에 걸리지 않게 장난감을 빼는 모습을 충분히 보여준 후에 아이가 스스로 뺄 수 있게 도와줍니다.

"장난감이 거미줄에 걸렸다."

"장난감을 꺼내줘."

이것저것 담기 (12개월 이상)

엄마가 먼저 페트병처럼 입구가 작은 통에 폼폼이
(또는 비즈, 콩)를 집어넣는 모습을 충분히 보여준
후 아이가 스스로 넣어보게 도와줍니다.

"병에 다 넣어보자."

"폼폼이를 쏘~옥."

"콩을 쏙."

빨대 꽂기 (12개월 이상)

종이컵을 뒤집어서 바닥에 구멍을 뚫어줍니다. 엄마
가 종이컵 구멍에 빨대를 꽂는 모습을 충분히 보여
준 후에 아이가 스스로 꽂아보게 도와줍니다.

"구멍에 빨대를 꽂아보자."

"엄마가 먼저 꽂아볼게."

"정우도 꽂아봐."

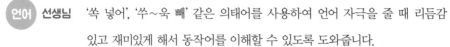

언어 **선생님** '쏙 넣어', '쑤~욱 빼' 같은 의태어를 사용하여 언어 자극을 줄 때 리듬감 있고 재미있게 해서 동작어를 이해할 수 있도록 도와줍니다.

감각 통합 **선생님** 7개월 이상의 아이는 행동을 보고 모방할 수 있습니다. 발달에 맞는 동작을 충분히 보여주고 아이 스스로 할 수 있는 기회를 제공합니다.

심리 **선생님** 장난감을 꺼내고 빨대를 꽂는 놀이는 여러 번 반복하면서 조작 방법을 익히거나 문제해결을 시도하는 과정을 도와줍니다. 이때 양육자가 적극적인 칭찬을 통해 시행착오 과정을 격려하면서 도전과 성취감을 느끼게 해줍니다.

 놀이 확장하기

❶ 계란판에 쏙쏙 꽂아보기

계란판에 구멍을 뚫어줍니다. 구멍 안에 빨대나 나무스틱을 꽂을 수 있도록 도와줍니다.

❷ 종이를 잡고 찢어보기 (12개월 이상)

양육자가 색종이의 테두리를 조금 찢어 놓습니다. 아이가 종이를 잡고 당기면 종이가 쉽게 찢어질 수 있도록 도와줍니다.

놀이 도와주기

엄지와 검지로 물건 잡는 걸 어려워할 때

- 양육자가 엄지와 검지로 집고 펴는 동작을 충분히 보여준 후에 아이의 손가락을 잡고 엄지와 검지를 집고 펴는 동작을 함께 해봅니다.
- 엄지와 검지에 스티커를 붙이고 서로 '떼었다 붙였다 놀이'를 합니다.
- '떼었다 붙였다 놀이'를 충분히 연습한 후에 아이의 엄지와 검지 가까이에 과자를 대주고 집어보도록 도와줍니다.
- 이전 개월 수에 습득해야 하는 손동작을 더 연습합니다. 예를 들면 손바닥 전체로 장난감 잡기, 물건 두드리기, 통에 있는 물건 쏟아보기, 양손으로 딸랑이 부딪쳐보기 등을 충분히 연습합니다.

잠깐, 쉬어가기

손과 장난감 빨기를 멈추지 않는다면

갓난아기는 무엇이든지 입으로 가져가고 자기 손과 발가락을 빨기도 합니다. 이는 자기 몸과 환경을 탐색해보는 자연스러운 과정입니다. 이 행동은 점점 줄어들고 대신 손이나 손가락을 사용해 사물을 조작하게 됩니다.

출생부터 약 1세 반까지 구강기(Freud, oral stage)로 빨고, 씹고, 깨무는 등 입, 입술, 혀, 잇몸과 같은 구강 주위의 자극으로부터 쾌감을 느낍니다. 하지만 유아기가 되어서도 입으로만 탐색한다면 발달에 문제가 생깁니다. 이 경우의 아이들은 촉각이 너무 예민하거나, 입으로 탐색하는 자극을 더 선호하거나, 물건을 만졌을 때 인식이 불충분하여 변별에 이상이 있을 수 있습니다.

이럴 때는 촉각 놀이와 손을 쓰는 조작 놀이를 꾸준히 해줍니다. 촉각이 민감할 경우 선호하는 촉각 감각부터 천천히 조금씩 경험을 늘려줍니다. 입으로 불면 소리 나는 구강용 장난감 혹은 치발기 재질과 유사한 츄잉 튜브(chewing tube)를 사용해도 도움이 됩니다.

뇌를 키워주는 영양분은?

음식을 골고루 먹어 영양소를 섭취해야 몸이 잘 자라는 것처럼 뇌도 충분한 영양소를 섭취해야 발달합니다. 뇌의 영양분은 '감각'으로, 특히 영유아기 때의 감각 발달은 전반적인 발달과 밀접하게 연결되어 있습니다.

감각은 크게 외부 감각인 오감과 내부 감각인 몸의 움직임과 자세 감각이 있습니다. 이때 외부 감각은 시각, 청각, 후각, 미각, 촉각이고 내부 감각은 고유수용성감각과 전정감각입니다. 이 감각들이 뇌에서 적절하게 입력되고 통합이 이루어져야 아이가 건강하게 성장하고 발달합니다.

이처럼 아이의 성장 발달에는 감각통합 과정이 매우 중요합니다. 여기서 감각통합은 뇌에서 쏟아져 들어오는 수많은 감각 자극을 정리하고, 의미 있는 정보를 골라 주어진 환경에 맞게 적응하고 행동하도록 도와주는 신경학적 처리 과정을 말합니다. 우리 몸과 뇌는 이렇게 입력된 감각들이 적절한 통합 단계를 거쳤을 때 비로소 운동 발달과 주의력, 의사소통, 정서 발달, 학습 능력 등이 발달하게 됩니다.

감각통합은 아이의 발달 전반에 거쳐서 단계적으로 이루어집니다. 이러한 감각통합에 어려움이 있으면 학습을 포함해 살아가면서 중요하다고 생각하는 많은 능력에 부정적인 영향을 줄 수 있습니다.

따라서 양육자는 아이가 감각에 문제는 없는지 항상 관심을 두고 관찰해야 합니다. 그러기 위해서는 발달 단계에 맞는 적절한 놀이와 운동으로 다양한 감각을 경험하도록 도와주는 것이 아주 중요합니다. (209쪽, 잠깐 쉬어가기 '감각통합 용어' 참고)

안정적인 애착을 형성해요

★ ☆ ★ ☆ ★ ☆ ★ ☆ ★ ☆ ★ ☆ ★ ☆ ★ ☆ ★ ☆ ★ ☆ ★ ☆ ★

 이 놀이를 추천하는 이유

⑩ 애정 듬뿍 애착놀이

- 양육자와의 안정적인 애착 형성을 도와줍니다.
- 밀접한 신체 접촉을 통해 주변 환경에 대한 긍정적인 인식을 형성합니다.
- 양육자의 목소리와 자신의 이름을 인식하도록 도와줍니다.
- 좋은 감정을 웃음으로 표현하도록 도와줍니다.
- 원하는 반응을 얻기 위해 웃거나, 손을 뻗거나, 소리를 내는 등 상호작용을 시도할 수 있으며, 눈맞춤이 증진됩니다.
- 타인의 행동을 모방하는 능력을 길러줍니다.
- 자신감과 자긍심이 높아집니다.

⑪ 다양한 까꿍놀이

- 대상영속성 획득을 표현하도록 도와줍니다.
- 가족 인식과 자기 인식을 표현하도록 도와줍니다.
- 가족과 낯선 사람을 구분할 수 있게 도와줍니다.
- 가족 외 타인과 익숙해지도록 도와줍니다.
- 양육자와의 유대관계 형성을 도와줍니다.
- 눈맞춤이 증진됩니다.

정서와 사회성 발달을 위해 이렇게 놀아주세요

아이의 울음과 웃음에 양육자가 민감하면서도 일관되게 반응해주세요

안정적인 애착 관계를 형성한 아이는 낯선 장소나 낯선 사람 등 새로운 자극을 마주해도 안정감을 느끼고 도전적인 자세를 보여줍니다. 또한, 자신과 타인을 긍정적으로 생각하여, 성장하면서 다른 어른이나 또래 친구와도 건강한 사회적 관계를 맺습니다.

따라서 안정된 애착 형성을 위해서는 의식주 제공뿐만 아니라 애정 어린 미소, 따뜻한 시선과 스킨십을 자주 해주세요. 이때 아이가 양육자를 신뢰할 수 있도록 아이의 행동 하나하나에 민감하면서도 일관된 반응을 해주세요.

대상영속성 확립을 위해 까꿍놀이를 자주 해주세요

이 시기의 아이는 까꿍놀이를 무척 재미있어합니다. 양육자의 얼굴을 가렸다가 다시 보여주면 아이는 양육자가 세상에서 사라졌다가 다시 나타난 것처럼 생각하고 반깁니다. 까꿍놀이를 통해 아이는 양육자와의 정서적 유대감을 형성하고, 점차 양육자가 자기 눈에 보이지 않아도 존재한다는 사실(대상영속성)을 이해하게 됩니다.

그런데 대상영속성을 획득하고 양육자와의 애착 관계가 단단해지면 낯가림과 분리 불안을 보일 수 있습니다. 이는 자연스러운 발달 과정 중 하나입니다. 양육자 품에 안겨서 낯선 사람과 천천히 익숙해지도록 도와주세요. 아이가 양육자와 떨어져 있다면 양육자의 목소리를 계속 들려주어서 안심시켜줍니다.

언어 발달을 위해 이렇게 놀아주세요

아이와 눈으로 미소로 목소리로 자주 의사소통해주세요

0~3개월 때는 양육자가 눈을 맞추고 신호에 반응해주면서 의사소통하면, 아이는 미소나 발성으로 응합니다. 2~4개월 때는 울다가도 양육자의 부드러운 목소리가 들리면 멈추고, 화난 목소리가 들리면 울기도 합니다. 6개월 때는 목소리의 억양, 강세, 크기 등을 통해 양육자의 감정을 이해하고 반응합니다. 이후에는 아이가 한 행동에 양육자가 웃음을 터트렸다면 아이는 그 행동을 반복해서 보여주기도 합니다.

이와 같은 애착 형성을 통해 아이는 의사소통이 상호작용이라는 것을 인식하고 점차 발성 또는 행동으로 상호작용하려는 시도가 늘어납니다. 이때 아이의 행동과 소리에 민감하게 반응하고 관심을 읽어주세요. 양육자가 아이에게 보이는 적절한 자극은 정서적 안정감뿐만 아니라 사회적 의사소통의 발달까지 도와줍니다.

감각과 신체 발달을 위해 이렇게 놀아주세요

즐거운 스킨십과 눈맞춤 놀이를 자주 해주세요

양육자에게 안겨 있으면서 느끼는 '촉각'과 리듬감 있게 조금씩 흔들어주는 '전정감각'은 아이의 초기 발달과 유대감 형성을 도와주는 필수 감각입니다. 특히 촉각에 어려움을 겪거나 경험이 부족하면 아이는 정서적으로 안정감을 느끼지 못할 수 있습니다. 이로 인해 이후 과제를 수행할 때 어려움을 보이거나 행동에 문제를 보일 가능성이 큽니다. 따라서 생활 속 즐거운 스킨십과 눈맞춤 놀이로 안정적인 애착 관계를 형성하도록 도와줍니다.

애정 듬뿍 애착놀이

★ **놀이 분야** 정서와 사회성

★ **준비물** 거울

★ **사전 준비** 편안한 환경에서 시도합니다.

스킨십 놀이

아이 볼에 엄마의 볼을 맞대고 움직여 부벼줍니다. 아이의 배나 발바닥 등 아이가 간지러워하거나 재미있어 하는 부위에도 해줍니다. 아이가 웃거나 또 해달라고 손을 뻗는 등의 행동을 보이면 눈을 맞추며 애정이 듬뿍 담긴 표현을 해주고 반복합니다.

"정우야 사랑해", "예쁜 우리 아기."

"우리 아기 손에 뽀뽀", "배에 엄마가 푸~."

목소리 듣기

누워 있는 아이에게 여러 방향에서 아빠의 목소리를 들려줍니다. 목소리가 들리는 방향으로 머리를 돌리면 눈을 맞추고 미소를 지어보입니다.

"민서야, 아빠야."

혼자 앉을 수 있는 아이라면 마주 앉고, 어렵다면 아빠 무릎에 앉아 거울을 마주보도록 합니다.

아빠가 불러주는 노래에 몸을 가볍게 흔들거나 행동을 따라 해보게 합니다.

"곤지곤지, 잼잼", "나비야, 나비야~♪"

폭풍 칭찬하기

엄마가 박수 치는 모습을 보여주고 아이가 따라 해보도록 합니다. 따라 하려는 시도를 보이면 머리를 쓰다듬거나 꽉 안아주며 스킨십을 하거나 웃어주면서 언어적으로 칭찬해줍니다.

"우리 민서 잘했어요, 최고!"

🔗 놀이 확장하기

❶ 폭풍 칭찬하기

과자 스스로 집어 먹기, 사물 잡고 서기 시도하기, "엄마, 아빠" 말하기 등 발달 과업을 이루기 시작했다면 아주 사소하더라도 폭풍 칭찬을 합니다. 칭찬은 성취감과 함께 자기를 긍정적으로 인식하도록 도와줍니다.

🦆 놀이 도와주기

양육자와 상호작용하는 놀이에 관심이 없을 때

양육자와 다양한 방식의 상호작용과 놀이도 중요하지만, 아이가 놀이를 쉽게 지루해할 수도 있습니다. 이때는 집 앞의 놀이터에 나가 형, 누나들이 노는 모습을 구경하기도 하고, 고양이가 우는 소리, 새가 지저귀는 소리를 들어보기도 하는 등 다양한 자극을 경험하도록 도와줍니다.

다양한 까꿍놀이

★ **놀이 분야** 정서와 사회성

★ **준비물** 손수건, 담요, 거울, 장난감

★ **사전 준비** • 편안한 환경에서 시도합니다.

　　　　　　• 얼굴에 덮는 손수건은 가볍고 부드러운 가제 손수건을 사용합니다.

손수건 까꿍

손수건으로 엄마의 얼굴을 가렸다가 보여주며 "까 꿍"이라고 소리를 내줍니다. 누워 있는 아이라면 얼 굴에 손수건을 살짝 올려두고 스스로 손수건을 잡 아당겨 엄마의 얼굴을 볼 수 있게 합니다.

앉을 수 있는 아이라면 거울 앞에 앉혀 두고 아이의 얼굴이 비치는 부분을 손수건으로 가립니다. 엄마가 손수건을 치워주거나, 아이 스스로 손수건을 치워서 자기 얼굴을 확인하도록 합니다.

"정우야, 까꿍."

장난감 찾기

민서 잘했어 박수~

아이가 좋아하는 장난감을 함께 가지고 놀다가 담요나 손수건으로 덮어 가려줍니다.
아이가 담요나 손수건을 치우고 장난감을 찾으면 칭찬합니다.
"민서, 잘했어. 박수~."

엄마, 아빠 찾기

엄마 여기 있어

기기, 걷기 등의 움직임이 가능한 아이라면 가벼운 숨바꼭질을 해볼 수 있습니다.
아이와 마주 앉아 함께 놀이하다가 큰 가구 뒤로 숨거나 이불을 덮어쓰고 숨습니다. 이때 엄마의 목소리를 들려주며 안심할 수 있도록 합니다. 아이가 다가와 엄마를 발견하면 이름을 불러주거나 미소를 지어주며 꼭 안아줍니다.
"엄마 여기 있어." "민서야~ 까꿍~."

언어 선생님 손수건 까꿍놀이에서는 아이 이름을 불러주어서 자기 이름을 인식하도록 도와줍니다.

 심리 선생님 • 놀이할 때 양육자는 미소를 띠며 눈맞춤 하고 아이 이름을 불러주면서 반응해줍니다. 양육자의 긍정적인 반응은 아이의 동기를 높여줍니다.

• 장난감 찾기 놀이에서 아직 대상영속성을 획득하지 않았으면 장난감 찾기가 어려울 수 있습니다. 아이가 보는 앞에서 물건을 가려주고 찾을 수 있게 하거나 양육자가 찾는 모습을 보여줍니다.

• 엄마, 아빠 찾기 놀이할 때 아이가 찾을 수 없는 곳에 숨는 것은 적절하지 않습니다. 양육자와 분리되는 것을 무서워하는 시기이니 아이가 금방 찾을 수 있는 곳에 살짝 숨도록 합니다.

 ## 놀이 확장하기

❶ 가족과 '까꿍놀이' 하기

엄마, 아빠, 다른 가족 구성원과 함께합니다. 순서대로 손수건으로 얼굴을 가렸다가 보여주며 '까꿍놀이'를 합니다. 놀이를 반복하면서 아이가 다음 순서에 누가 나올지 기대하도록 합니다. "엄마야", "아빠다!", "누나야" 말하면서 가족을 인식하도록 도와줍니다.

❷ 낯선 사람 만나기

편안하고 안전한 환경에서 낯선 사람과 친숙해지는 경험은 아이에게 안정감을 줍니다.
양육자의 지인이나 친척을 만났을 때 시도하면 좋습니다.

- 낯선 사람(친척이나 지인)이 아이를 안아주거나 토닥이도록 합니다. 아이가 거부하거나 양육자에게 오려고 하면 양육자가 안아서 어르고 달래며 진정시킵니다. 양육자에게 안겨있으면서 아이가 낯선 사람과 친숙해질 수 있는 시간을 충분히 가집니다.
- 아이 앞에서 공이나 장난감을 가지고 낯선 사람과 주고받기 놀이를 해봅니다. 아이가 관심을 보이면 장난감을 아이에게 주고 낯선 사람에게도 건네볼 수 있도록 합니다. 아이의 행동을 박수치면서 폭풍 칭찬합니다.

 놀이 도와주기

지나치게 낯가림이 없을 때

낯가림이 없는 경우 보통 애착 문제를 걱정하지만, 낯가림이 없다고 모두 애착 관계가 형성되지 않는 것은 아닙니다. 아이의 기질과 성격, 다른 어른에게 보이는 반응은 어떤지, 낯선 환경에 적응할 때 어려움이 있는지, 양육자가 아이와 보내는 시간이 부족하지는 않은지 등 여러 가지 여건을 함께 고려합니다.

만약 지나치게 둔감하거나 반응이 적다면 발달을 점검할 필요가 있습니다. 평소에 양육자와 눈맞춤이 잘 되는지, 사회적 미소를 짓는지, 양육자 목소리에 반응하는지 등 상호작용을 확인하도록 합니다.

옹알이를 시작해요

★ ★

 이 놀이를 추천하는 이유

⑫ 옹알옹알 놀이

- 옹알이 놀이는 '말 주고받기'를 하는 준비 과정입니다.
- 옹알이에 대한 양육자의 의미 부여는 단어의 의미를 이해하도록 도와줍니다.
- 아이는 발성을 가지고 놀면서(vocal play) 상호작용을 하고 말소리를 배웁니다.

⑬ 엄마, 아빠 부르기 놀이

- '엄마', '아빠' 등과 같은 유사한 소리에 의미를 부여해주면 단어를 이해하고 배웁니다.
- 일상생활에서 자주 사용하는 단어에 대한 이해력을 높여줍니다.

언어 발달을 위해 이렇게 놀아주세요

의사소통의 수단인 옹알이에 적극적으로 반응해주세요

아기는 울음으로 자기 의사를 표현합니다. 처음에는 '아우, 우아, 이아'와 같은 모음 위주의 소리를 내다가 '아부, 부바, 아바바' 등 자음과 모음이 결합한 소리를 내기 시작합니다. 점차 '음마, 빠빠, 음빠'와 같은 초기 낱말과 비슷한 형태로 말하면서 의도를 가지고 말을 사용하기도 합니다. 점차 말소리와 비슷한 발성으로 소리를 내며 양육자와 상호작용을 하고 말을 배워나갑니다.

아이가 표현할 때마다 '엄마, 아빠' 말소리를 들려주세요

아이가 '음마, 음빠, 빠빠빠'와 같은 소리를 내면 양육자는 "엄마", "아빠"라는 말소리로 따라 하면서 반응해주세요. 이 활동은 아이가 상황과 소리를 연결하면서 단어의 의미를 이해하고 말로 표현할 수 있도록 도와줍니다.

아이는 12개월 전후로 첫 낱말을 표현하기 시작합니다. 첫 낱말은 주로 '엄마, 아빠, 맘마, 우유' 등으로 일상생활에서 자주 접하고 소리내기 쉬운 음소로 이루어진 단어입니다. 이러한 경험이 쌓이면서 아이는 말소리 또는 어휘를 배우고 모국어에 대한 언어 능력이 발달하기 시작합니다.

감각과 신체 발달을 위해 이렇게 놀아주세요

뇌 발달을 활성화하는 옹알이를 자주 하도록 도와주세요

옹알이는 턱관절, 입 주변의 근육, 입술, 혀 등에서 느끼는 감각(촉각, 고유수용성감각)을 뇌로 보내어 언어를 담당하는 영역을 자극하기 때문에 뇌 발달을 도와줍니다. 또한, 아이는 옹알이를 하면서 구강의 움직임 감각과 청각 감각을 통합해 복잡한 소리를 내는 것을 배우게 됩니다.

 ## 정서와 사회성 발달을 위해 이렇게 놀아주세요

옹알이에 담긴 아이의 감정이나 욕구를 다양한 표정과 말투로 반응해주세요.

아이에게 옹알이는 즐거운 놀이이면서, 한편으로는 자신이 느끼는 감정이나 기분 등을 표현하는 도구이기도 합니다. 그런데 기거나 걷기 이전의 아이 경우 양육자가 옹알이, 울음, 미소 등에 반응해줄 때만 사회적 접촉이 가능합니다.

따라서 아이의 옹알이를 비슷하게 따라 해주거나 아이가 느낄 만한 감정이나 욕구 등을 다양한 표정과 말투로 반응해주세요. 아이는 더욱 빈번히 다양한 옹알이를 통해 양육자와의 상호작용을 시도하면서 자기의 욕구를 표현하는 방법을 배워나갑니다.

옹알옹알 놀이

★ **놀이 분야**   언어

★ **준비물**   없음

★ **사전 준비**   • 편안한 환경에서 시도합니다.

• 일상생활에서 반복되는 상황에서도 시도할 수 있습니다.

(예) 우유 먹일 때, 기저귀 갈 때, 씻길 때)

옹알이에 반응하기 (0~3개월)

> 배고팠어?

> 음, 음

아이가 내는 소리를 받아주고 상황을 표현해줍니다. (예 현재 하는 동작, 아기 입장에서의 마음)

"엄마 불렀어?", "엄마랑 놀자구?",

"그래~ 아이 좋아."

"우리 아기 배고팠어?", "맘마 달라구?",

"오구, 엄마가 맘마 줄게~."

"아구, 우리 아기 쉬했어?", "기저귀가 축축했구나!",

"엄마가 기저귀 갈아줄게~."

옹알이 따라 하기 (4~6개월)

아기 : "에, 아오, 오아."

엄마 : "아우~, 아우 좋아", "아오~ 엄마랑 놀자고?"

아기 : "부아, 부아바, 바바."

엄마 : "바바~ 엄마, 엄마 불렀어~."

> 부아, 바바, 엄마~

> 부아, 바바

옹알이에 의미 부여하기 (7~10개월)

아기 : "음빠, 빠빠, 빠뿌비빠뿌."

엄마 : "아빠! 아빠~ 아빠 불렀어? 아빠 어디 있지?"

아기 : "음마마, 맘마마."

엄마 : "맘마! 맘마? 아우, 우리 아기 배고파?"

> 엄마, 맘마

> 음마마, 맘마마

전문가 TIP

언어 선생님 아이는 개월 수에 따라 옹알이의 유형이 달라집니다. 이때마다 옹알이 소리를 따라 하거나 반응해주고 의미 있는 단어로 표현해주면 언어 발달에 도움이 됩니다.

전문가 TIP

심리 선생님   개월 수가 늘어날수록 양육자의 칭찬을 이해합니다. 의미 없는 옹알이를 할 때도 반응해주면 상호작용을 촉진할 수 있습니다. 비록 정확하지 않아도 "엄마", "아빠", "맘마"와 같이 의미 있는 첫 낱말을 표현했을 때 칭찬한다면 의미 있는 상호작용의 빈도가 높아집니다.

 놀이 확장하기

❶ 다양한 감각 방법으로 언어 자극 주기

말소리(청각)와 진동감각(촉각)을 느낄 수 있도록 언어 자극을 줍니다. 예를 들어 양육자의 입에 아이의 손을 대고 '아', '오', '부부부' 소리를 들려주면서(인디언 놀이) 느껴보도록 합니다. 또, 아이 손이나 배에 양육자의 입술을 대고 '뿌~' 하고 불어줍니다.

 놀이 도와주기

주변이나 양육자의 소리에 반응이 없을 때

먼저 청력에 이상이 없는지 확인합니다. 소리에 반응이 없는 건지, 말소리나 행동에 관심이 없는 건지 살펴봅니다.

옹알이 표현이 적을 때

옹알이에 대한 반응과 표현을 더 적극적으로 해줍니다. 아이가 소리를 잘 내지 않더라도 상황을 말해주거나(배고파서 울었어, 화났어, 안아줘 등) "엄마, 마마마", "냠냠, 음마, 맘마" 등의 표현을 자주 사용하면서 적극적으로 반응해줍니다.

엄마, 아빠 부르기 놀이

★ **놀이 분야** 언어

★ **준비물** 스테인리스 식판, 자석타일 블록, 엄마 사진, 아빠 사진

★ **사전 준비** • 아이가 쉽게 알 수 있도록 얼굴이 크게 나온 사진을 준비합니다.

• 스테인리스 식판 안의 구멍 크기에 맞춰 엄마, 아빠 사진을 붙입니다.

• 구멍의 크기나 모양에 맞는 자석타일 블록을 준비합니다.

• 자석타일 블록 대신에 포스트잇을 활용할 수 있습니다.

소리에 반응해주기

아이가 엄마, 아빠와 유사한 소리를 내면 바로 반응
해줍니다.

아기 : "음마, 음마마."

엄마 : "엄마! 엄마 했어~. 엄~ 마~, 엄마 불렀어!"

엄마!

음마

엄마, 아빠 말해주기

사진을 보고 엄마, 아빠를 말해줍니다.
음절을 끊어서 소리를 부드럽게 천천히 말해줍니다.
"엄~마!", "엄~~~마~~."
"아~빠↗", "아 빠~."
"엄마~, 엄마 어디 있지?", "엄마 여기 있네."

엄마, 아빠 가리키기

식판 안에 엄마, 아빠 사진을 붙여둡니다.
블록 뚜껑을 열어보며 엄마, 아빠를 말하고 찾아봅니다. 아이와 사진을 보며 호칭을 부르면서 함께 찾아봅니다. 손가락으로 가리키며 호칭을 반복해서 표현합니다.
"엄마네. 엄마~, 엄마 어디 있지?"

전문가 TIP

 선생님 목소리 톤 높이기, 천천히 혹은 부드럽게 말하기, 과장된 억양으로 말하기 등으로 아이에게 다양하게 말하면 말소리 변별력에 도움을 줍니다.

 선생님 사진을 가리키고 블록 뚜껑을 열어보는 손동작은 소근육 발달을 도와줍니다.

 선생님 가려졌던 물건이 나타나는 까꿍놀이는 대상영속성 획득을 도와줍니다.

놀이 확장하기

❶ 몸짓을 단어로 말해주기 (10개월 이상)

인사하기, 고개 젓기, 가리키기 등 아이가 몸짓언어(제스처)로 의사를 표현하면 단어로 얘기해줍니다. 싫어서 고개를 가로저을 때 "아니야~, 싫어~"라고 말해줍니다.

아니야, 싫어

❷ 옹알이 읽어주기

옹알이가 발전하면서 보통 '방언 터졌다', '외계어로 말한다'라고 말합니다. 옹알이가 자곤(jargon, 성인의 낱말 운율과 유사한 무의미한 소리)으로 바뀐 것입니다. 아이가 하는 말이 정확하지 않더라도 상황에 맞춰 의미 있는 단어 혹은 짧게라도 문장으로 말해줍니다.

 ## 놀이 도와주기

돌이 지나도 모음 위주의 발성만 나타날 때

양육자가 입술을 이용해 내는 아이의 소리를 따라 합니다. 그러면서 입술을 부딪치며 "푸푸", 입술을 닫았다가 열어서 "음빠" 등 소리 내는 모습을 보여주면서 계속해서 소리 자극을 줍니다.

입술 붙이기가 어렵고 모음 위주로 표현할 때

초기에 발달하는 자음, 즉 입술소리(ㅂ, ㅃ, ㅍ, ㅁ)를 유도하기 위해 입술을 붙이는 놀이를 합니다. 이유식을 먹일 때도 숟가락을 입에 넣어 윗입술에 닿게 하면서 입술을 붙일 수 있도록 도와줍니다.

0~12개월에 이런 점이 궁금해요

'터미 타임'과 '네발 기기' 그리고 'W 앉기'

터미 타임(Tummy Time)은 아이가 깨어 있을 때 엎드려 노는 것을 말합니다. 이 놀이는 아이의 운동 발달과 감각, 인지 등 뇌 발달에 긍정적인 영향을 줍니다. 아이가 엎드린 자세를 유지하면 목과 몸통의 근육을 자극하기 때문에 뒤집고 앉고 기는 운동 발달에 도움을 줄 수 있습니다. 또한, 엎드려서 머리를 들어 앞을 응시하는 자세는 사두증과 사경을 예방할 뿐만 아니라 다양한 시각 자극과 환경을 인식하면서 감각과 인지 능력도 발달하도록 도와줍니다.

터미 타임은 신생아기부터 하면 좋습니다. 짧게는 10초부터, 아이가 적응하면 시간을 점점 늘려서 30분에서 60분 이상 엎드려 놀 수 있도록 해주어도 좋습니다. 이렇게 터미 타임 놀이를 꾸준히 하면 네발 기기 움직임(Crawling)도 수월하게 발달합니다.

네발 기기 움직임은 9개월 정도면 나타납니다. 간혹 네발 기기를 건너뛰고 바로 걸음마를 시작하는 아이도 있습니다. 이 경우 발달에 큰 문제가 없을 수도 있지만, 아이의 신체와 뇌 발달을 위해서는 잠깐이라도 발달에 맞는 움직임을 경험해야 합니다. 이 움직임은 다음 단계들의 움직임과 적절한 뇌 발달에 자극을 주기 때문입니다.

네발 기기 움직임은 여러 발달에도 영향을 줍니다. 척추 발달을 도와주고, 뇌 발달에도 도움을 줍니다. 아이가 이동하면서 감각과 인지, 언어가 발달하고 상체의 안정감을 주어 소근육 발달도 도와줍니다.

W 앉기란? 양발의 끝을 바깥으로 뻗고 앉는 자세를 말합니다. 이 자세는 발달 과정에서 네발 기기로 이동하다가 앉기 자세로 바꾸는 동작을 할 때 자주 나타나는 자연스러운 자세입니다. 걷기를 시작하고 몸통의 안정감이 생기면서 점차 사라지지만, 만약 W 앉기 자세를 계속한다면 교정이 꼭 필요합니다.

W 앉기는 많은 아이가 선호하는 자세여서 아무 생각 없이 앉습니다. 하지만 W 앉기 자세는 아이의 성장과 발달에 부정적인 영향을 줄 수 있습니다.

이유는 먼저 몸통 주변의 근육 발달을 저해하여 척추 발달을 방해합니다. 또 엉덩이 관절과 무릎의 잘못된 정렬로 관절 변형과 이에 따른 통증이 유발될 가능성이 큽니다. 더 나아가 성장판의 손상으로 키 성장에 방해가 될 수 있습니다. 그리고 발바닥 아치(foot arch)가 감소하고 안짱다리 변형의 위험도가 높아서 자칫 잘못된 보행 패턴으로 변할 수도 있습니다. 무엇보다 잘못된 자세는 인지와 감각 경험에 부정적인 영향을 주어 뇌 발달을 방해합니다.

아이가 W 앉기를 계속한다면 습관이 되지 않도록 양육자가 고관절 주변 근육 스트레칭과 코어를 발달시키는 운동을 꾸준히 하도록 도와줍니다. 또한, W 앉기 자세를 보고 단순히 "그렇게 앉지 마!"라고 말하기보다는 올바르게 앉은 자세를 제시하면서 교정하는 것이 효율적입니다. 처음에는 아이가 W 앉기 교정에 반발하거나 강하게 저항할 수 있습니다. 하지만 아이의 발달에 부정적 영향을 미치는 만큼 일관되게 교정해주도록 합니다.

아이와 함께 하는 시간이 적어서 애착 형성이 힘들 때

최근에 부모 이외에 할머니나 보모가 아이의 애착 대상이 되는 경우가 많아졌습니다. 아이가 부모보다 할머니를 더 좋아하거나 보모를 더 찾으면, 부모와의 애착 형성에 문제가 있는 것은 아닌지 걱정도 되고 서운한 마음도 들 것입니다. 그런데도 부모가 충분히 아이를 돌볼 수 있는 시간적 여유가 나지 않을 때는 참 난감하기까지 합니다.

아이는 주변의 다양한 사람과 애착 관계를 형성할 수 있습니다. 하지만 가장 안정적인 애착 관계를 형성하는 대상은 부모입니다. 아이와 함께 있는 시간이 적다면 비록 짧은 시간이라도 질적으로 아이에게 좋은 반응을 보여줘야 합니다.

애착 형성에서 가장 중요한 양육자의 특성은 민감성입니다. 아이의 울음, 옹알이, 미소 등에 민감하게 반응해주고, 애정이 담긴 시선으로 안아주고 쓰다듬는 스킨십이 큰 도움이 됩니다. 떨어져 있을 때는 전화나 영상통화를 자주 하는 것도 큰 도움을 줍니다.

부모뿐만 아니라 조부모님이나 친인척 등 다수의 애착 대상과도 아이가 안정적으로 애착을 형성할 수 있도록 노력을 기울여야 합니다. 이때 양육자마다 아이에 대한 정보가 일치하지 않는다거나 양육 태도가 지나치게 다르면 아이는 혼란스러움과 불안을 경험할 수 있습니다. 양육자 간에 충분한 대화를 나누고 필요한 정보를 전화나 문자로 그때그때 공유하는 것이 좋습니다.

아이를 돌봐주던 분이 갑자기 못 봐주는 상황이 올 수도 있습니다. 애착 대상의 갑작스러운 상실은 아이에게 두려움과 슬픔을 경험하게 합니다. 이때는 서서히 함께하는 시간을 줄이고 다른 양육자와의 시간을 늘려서 적응할 수 있는 시간을 충분히 가지도록 합니다.

이름을 불러도 돌아보지 않아요

아이가 세상에 태어나면 자신을 상징하는 이름을 갖게 됩니다. 신생아 때는 이름을 부르면 단지 소리 자극 정도로만 인지합니다. 점차 양육자와 눈을 맞추고 자신의 이름을 반복해 들으면서 4~6개월 정도가 되면 소리 자극과 의미를 연관시키고 자신의 이름을 인지하기 시작합니다. 6개월 이후에는 자기 이름에 반응할 수 있습니다. 그리고 12개월 이후에는 자신의 이름을 부르면 대답을 하거나 자기 이름을 말할 수도 있습니다.

이처럼 양육자가 이름을 부르면 아이가 쳐다보거나 대답하는 등 자신의 이름에 반응을 보이는 행동을 호명 반응이라고 합니다. 호명 반응은 언어 발달과 상호작용에 중요한 핵심입니다.

호명 반응을 알아보려면 이름을 부를 때 돌아보는 행동으로 판단하기보다 이름을 부를 때 돌아보기, 미소 짓기, 하던 행동 멈추기 등 소리에 반응하는 질적인 행동으로 관찰해야 합니다. 때론 아이가 놀이에 집중하고 있을 때 이름을 불러도 반응하지 않을 수 있습니다. 이때는 호명 반응의 여부보다는 양육자와의 의사소통을 위해 부르는 소리에 관심 있게 반응하는지가 더 중요합니다.

만약 아이가 전반적으로 호명 반응이 잘 관찰되지 않는다고 판단된다면 양육자는 아이의 이름을 부르고 적절한 반응(돌아보기, 미소 짓기, 행동 멈추기 등)을 보일 수 있도록 아이에게 지속해서 언어적 자극을 주도록 합니다. 이러한 교육을 통해 아이는 주고받기를 배우고 다양한 언어 능력을 향상하며 사회성의 기초를 다져갑니다.

13~24개월

성장 발달 놀이

13~24개월에는 이런 걸 할 수 있어요

 감각통합 신체 발달

13~18개월

- 지지 없이 서서 혼자 걸을 수 있고, 여기저기 낙서를 시작합니다. (13개월)
- 두 손을 잡고 계단에 두 발을 차례로 놓으며 오르고 내립니다. (16개월)
- 블록을 2개 이상 쌓아 올립니다. (16개월)
- 공을 손으로 잡아서 던지고, 책을 한 장씩 넘깁니다. (18개월)

19~24개월

- 큰 공을 찹니다. (20개월)
- 도움 없이 제자리에서 두 발을 모아 뜁니다. (23개월)
- 블록 6개 정도를 한 번에 쌓아 올립니다. (23개월)
- 도움 없이 미끄럼틀을 오르고 타고 내려옵니다. (24개월)
- 수직선 긋기를 모방합니다. (24개월)

언어 언어 발달

수용언어

- 250~300개의 수용어휘를 습득합니다.
- 가족 명칭을 이해합니다.
- '누구', '무엇'으로 시작되는 의문사를 이해합니다.
- 여러 물건 중에서 익숙한 사물을 고릅니다.
- 대표적인 신체 부위를 이해합니다.
- 그림 상징과 실제 사물을 연결합니다.
- 두 가지 지시를 듣고 수행합니다. (예 "빠방 가지고 엄마한테 오세요")

표현언어

- 50~100개의 표현어휘를 습득합니다.
- 제스처나 말로 의사소통합니다.
- 의도를 가지고 사용하는 단어가 많아지고 정확해집니다.
- 두 낱말을 조합해 문장으로 표현합니다.
- "뭐야?"라는 질문을 하기 시작하고 질문에 대답합니다.
- 질문할 때 말끝을 높여서 물어봅니다.

심리 정서와 사회성

13~18개월

- 원하는 것을 손으로 가리키거나 양육자가 가리키는 것을 봅니다.
- 원하는 것을 가리키며 달라는 등 적극적인 상호작용이 가능합니다.
- 간단한 심부름이 가능합니다. (예 기저귀 버리기)
- 양육자와 함께 그림책을 보거나 이야기 듣는 것을 좋아합니다.
- 자기를 중심으로 한 상징놀이를 합니다.
   (예 빈 컵을 들고 물 마시는 척하기)
- 자기 신체 이외에 인형이나 다른 물체를 가지고 상징놀이를 합니다.
   (예 인형 업어주기, 인형 재우기)
- 양육자의 행동을 흉내 냅니다. (예 엄마가 통화하는 흉내 내기, 집안일)
- 고양이나 사자 울음소리를 내는 등 동물의 행동을 모방합니다.
- 음악을 듣거나 양육자가 노래를 불러주면 몸을 흔들며 즐깁니다.
- 집안일에 참여하기 시작합니다. (예 장난감 정리, 빨래통에 옷 넣기)
- 자조 기술을 시작합니다. (예 도움받아 양말 신고 벗기, 바지 벗기)

19~24개월

- 무리에 섞여 있어도 혼자놀이를 더 좋아합니다.
   (예 끄적이기, 스티커 붙이기)
- '쎄쎄쎄' 혹은 손 유희를 따라 합니다.
- 자조 기술이 늘어납니다. (예 도움받아 신발 신기, 티셔츠 입기)
- 2가지 이상의 상징 행동을 연결 짓는 놀이를 합니다.
   (예 인형을 눕힌다 + 토닥인다 + 우유를 먹인다)
- 칭찬해주면 뿌듯해하거나 다른 사람을 질투합니다.

의사소통이 가능해요

★ ★

 이 놀이를 추천하는 이유

❶ 이름 부르기 놀이

- 다양한 어휘(명사와 동사) 습득을 도와줍니다.
- 어휘를 모방하며 표현언어가 늘어납니다.
- 카드나 책을 통해 다양한 어휘를 익히고 개념을 이해하도록 도와줍니다.

❷ 심부름 놀이

- 언어 이해 능력을 키워줍니다.
- 지시를 듣고 수행하는 능력을 높여줍니다.
- 양육자와의 상호작용으로 유대감 형성이 증진됩니다.

❸ 주세요 놀이

- 상대방과 같은 사물을 바라보는 공동주의가 발달합니다.
- 의미 있는 의사소통을 시도하는 빈도가 늘어납니다.
- 상대방의 어조를 따라 하고 상황에 맞는 표현언어가 늘어납니다.
- 원하는 것을 단어로 말하는 언어 능력이 발달합니다.
- 요구하고 수용 받는 경험을 통해 상호작용 욕구가 증가합니다.

언어 발달을 위해 이렇게 놀아주세요

아이가 보고 경험하는 것들을 간단한 단어로 표현해주세요

이 시기의 아이는 자기 의사를 제스처를 써서 표현하다가 점차 낱말을 사용해 의사소통합니다. '엄마, 맘마, 빠이, 가자' 등 자신이 직접 경험하고 행동하는 단어를 먼저 습득하고, 점차 장난감, 동물, 사물의 이름과 일상적인 동사, 형용사로 확대합니다. 또한, 이 시기에는 어휘가 늘어나면서 낱말을 조합하고 두 낱말의 문장으로 표현하면서 확장합니다.

따라서 양육자는 아이가 보고 경험하는 것들을 간단한 단어로 표현해주세요. 예를 들어 아이가 '빠방(자동차 갖고 싶어요)' 하고 말하면 양육자는 '빠방 줘?' 하고 표현해줍니다.

간단한 심부름으로 언어 이해력을 늘리고 상호작용을 도와주세요

어휘 능력이 발달하고 수용언어가 늘어나면서 지시를 이해하고 행동합니다. 여러 가지 사물 중 듣고 고를 수 있고 눈에 보이지 않는 사물을 가져올 수도 있습니다. 일상생활에서 한 가지 지시("의자에 앉아", "기저귀 버려")를 따르다가 점차 연속적인 지시("기저귀랑 물티슈 주세요", "책 가지고 의자에 앉아")를 이해하고 수행합니다.

따라서 일상생활에서 아이가 할 수 있는 간단한 심부름을 시켜서 언어 이해력을 늘리고 상호작용을 할 수 있도록 도와주세요.

감각과 신체 발달을 위해 이렇게 놀아주세요

언어와 연결되는 다양한 감각 경험을 꾸준히 제공해주세요

소리 나는 쪽으로 고개를 돌리고 만지고 몸을 움직이는 놀이는 감각(접촉, 움직임 등)을 경험하도록 도와줍니다. 이러한 감각 경험은 눈, 코, 입 등의 신체 부위의 이름을 이해하도록 도와줄 수 있습니다. 따라서 오감과 몸을 움직이면서 입력되는 감각 자극(전정감각, 고유수용성감각)이 언어와 연결하여 발달할 수 있도록 다양한 감각 경험을 꾸준히 제공해주세요.

 ## 정서와 사회성 발달을 위해 이렇게 놀아주세요

아이 스스로 적극적으로 표현하도록 기다려주세요

상호작용을 하려면, 우선 상대방이 앞에 있는 '사과'를 가리키면 자신도 '사과'에 주의를 기울이고, 상대방이 가리키는 것이 '사과'라는 것을 알아야 합니다. 이러한 능력을 '공동주의'라고 합니다. 이를 바탕으로 아이는 점차 양육자가 손으로 가리키는 물건을 함께 바라보거나 자기가 원하는 것을 가리키기도 합니다. 예를 들어, 원하는 장난감을 달라고 손을 뻗거나 양육자를 잡아끌기도 합니다.

이때는 양육자가 알아서 미리 다해주기보다는 아이가 적극적으로 표현하도록 기다려주고, 또는 "빠방 줘", "까까 줘" 등 언어로 반응하도록 유도해주세요.

이름 부르기 놀이

★ **놀이 분야**   언어

★ **준비물**   그림책, 그림카드

★ **사전 준비**   일상생활에서 자주 사용하는 사물, 음식, 간단한 동작어, 동물, 탈 것, 가족 등이
나와 있는 그림카드나 그림책을 준비합니다.

사물 이름 말하기

이게 뭘까?

엄마가 여러 가지 사물의 이름을 말해줍니다.

"민서야! 이게 뭘까?"

"바지야. 바! 지!"

"민서가 입는 바지네."

수정하고 반응해주기

아이가 사물의 이름을 잘못 말했을 때는 엄마가 맞게 수정해줍니다.
아이 : (바지를 보며) "까까" / 엄마 : "이건 바지야. 바! 지! 바지~."
아이가 엄마에게 사물의 이름이 맞나 확인하면 맞다고 반응해줍니다.
아이 : "바지?" / 엄마 : "맞았다. 바지. 민서 바지."
아이가 엄마에게 질문하면 맞게 대답해줍니다.
아이 : (바지 그림을 보며) "뭐야? 응?" / 엄마 : "이건 바지야."
아이가 말을 할 때 정확하지 않으면 엄마가 다시 말해줍니다.
엄마 : "이건 바지야. 바! 지!" / 아이 : "바끼. (묵음) 띠." / 엄마 : "바~지~. 바, 지."

문장으로 말해주기

호칭과 사물의 이름을 함께 말하면서 문장으로
말해줍니다.
"민서 바지", "엄마 바지."
"민서 꺼", "엄마 꺼."
동작(동사)을 말하면서 문장으로 말해줍니다.
"바지 입어", "바지 벗어."

바지 입어

의문사로 질문하기

이건 누구 양말?

민서 꺼

아이가 사물이나 상황을 인지하기 시작하면
의문사 '누구', '무엇'으로 질문합니다.

"이게 뭐지?"

"이건 누구 꺼야?"

"이건 누구 바지야?"

전문가 TIP

언어 선생님
• 언어를 습득하는 초기에는 양육자의 구어적(양육자의 목소리와 억양, 크기 등)
표현과 비구어적(표정 등) 표현이 낱말을 이해하는 데 도움이 됩니다.

• 단어를 모델링 할 때 음절을 끊어서(예 바! 지!) 말해주기도 하지만 말하듯
자연스럽게 들려주는 것도 말의 운율감을 배울 수 있습니다.

심리 선생님
이 시기의 아이는 자기 개념이 점차 확고해집니다. 19개월 이후에는 "누구
꺼야?" 등의 질문에 자기를 가리키거나 "민서" 하고 자기 이름을 인식해 말
합니다. "나", "내꺼"라며 대명사를 사용해 표현하기도 합니다.

놀이 확장하기

❶ 실제 사물과 그림 맞추기(Matching)

여러 가지 사물 중 목표 낱말을 듣고 고르기를
하거나, 실제 사물과 그림 맞추기 놀이하면서 인
지 도식을 확대시킵니다.

"민서도 바지 입었지."

"민서 바지, 곰돌이 바지 똑같다."

(여러 가지 사물을 놓고) "바지 어디 있지?"

(여러 가지 사물을 놓고, 바지 그림카드를 보여주며)

"이거랑 똑같은 거 찾아보자."

 놀이 도와주기

표현하는 낱말이 제한적일 때

• 아이가 자주 사용하거나 욕구가 높은 사물을 선택해서 따라 해보게 합니다. (예 까까, 빠방)

• 사물의 이름(명사)을 나타내는 낱말부터 알려줍니다. 그 다음에 행위를 나타내는 낱말(동사)을
  알려줍니다.

• 소리내기 쉽고 음절 수가 짧은 낱말을 선택해서 천천히 따라 하기 쉽게 말해줍니다
  (예 물, 맘마, 엄마, 아빠)

• 어휘에 대한 자극을 줄 때는 목표 단어를 명확하게, 문장의 길이를 짧게 말합니다.

심부름 놀이

★ **놀이 분야** 언어

★ **준비물** 집 안에서 자주 사용하는 사물들(기저귀, 물티슈, 가방, 리모컨, 휴대전화 등)

★ **사전 준비** • 아이에게 익숙한 사물을 눈에 잘 띄는 곳에 놓아둡니다.

　　　　　　 • 익숙한 사물들을 눈에 바로 보이는 곳과 보이지 않는 다른 방에 각각 놓아둡니다.

한 가지 심부름 시키기

기저귀 버려

아이에게 집 안에서 자주 사용하는 사물을 활용해 한 가지만 지시하고 심부름하게 합니다.

"엄마 기저귀 줘."

"엄마 물티슈 갖다주세요."

"기저귀 버려."

"가방 가져와요."

두 가지 심부름 시키기

한 가지 사물에 대한 지시 수행이 가능하다면, 두
가지 사물을 가져오게 하거나 연속된 두 가지 동작
을 할 수 있게 지시하고 심부름하게 합니다.
"기저귀랑 물티슈 갖다주세요."
"방에 가서 가방이랑 잠바 가져와."
"양말 벗고 가방은 방에다 갖다놔."

방에 가서 가방이랑
인형 가져와

전문가 TIP

언어 선생님 아이가 지시를 수행하면 심부름한 것에 대해 구체적으로 칭찬합니다.
("엄마 기저귀 갖다줬어? 고마워요~", "양말도 벗고 가방도 정리했어? 잘했어요")

감각 통합 선생님 심부름 활동은 언어 발달, 인지 발달뿐 아니라 대근육, 소근육 발달에 도움을 줍니다. 특별한 활동을 해주는 것도 좋지만 집에서 할 수 있는 소소한 활동도 아이에게 긍정적인 영향을 줍니다.

심리 선생님 심부름 놀이에서 양육자가 보이는 긍정적인 반응은 상호작용을 촉진하고 아이에게 성취감을 느끼게 합니다. 나아가 자긍심을 발달시키는 등 2차 정서 발달도 도와줍니다.

놀이 확장하기

❶ 심부름 대상 확대하기

아이가 심부름의 기능을 이해하고 수행할 수 있으면 점차 다른 대상으로 확대합니다. (예 "사과 아빠 먹여줘", "할머니 휴지 갖다주세요")

❷ 청소하기

엄마가 청소할 때 아이를 참여시킵니다. "물티슈 갖다줄래?", "돌돌이 테이프 가져와"와 같이 익숙한 사물을 가져올 수 있게 지시하고 심부름하게 합니다. 또는 "엄마랑 지지 닦자. 여기 지지 닦고 쓰레기통에 버려"와 같은 지시를 수행하게 합니다. (127쪽, '집안일 놀이' 추천)

 ## 놀이 도와주기

아이가 심부름을 수행할 수 없을 때

지지 닦아

- 한 가지 사물을 아이 앞에 두고 양육자가 사물의 이름을 말한 후에 아이가 양육자에게 건네주는 행동을 반복합니다.
- 양육자가 대신 말을 해주거나 함께 행위를 도와주면서 "기저귀 버려", "지지 닦아"라고 반복해서 말해줍니다.

목표 낱말을 설정할 때

놀이에 사용하는 사물은 아이에게 익숙하면서도 욕구가 높은 것으로 선택합니다.

주세요 놀이

★ **놀이 분야**   정서와 사회성

★ **준비물**   아이가 좋아하는 물건(또는 간식), 투명 지퍼백

★ **사전 준비**   아이가 평소 좋아하는 물건이나 간식을 준비합니다.

가리키며 요청하기

아이가 좋아하는 물건이나 간식을 아이의 손이 닿지 않는 식탁 위나 높은 가구 위에 올려둡니다. 아이가 손으로 가리키면서 달라고 요구하면 단어를 말해주거나, "주세요"라고 말하면서 아이가 따라 하도록 합니다.

"주스, 주스 주세요."

"과자, 과자 주세요."

주스 주세요

이끌고 가서 요청하기

주세요

과자 줘

아이가 좋아하는 물건과 간식을 잘 보이는 곳에 올려두고, 엄마는 멀리 떨어져 있습니다. 아이가 엄마의 손이나 옷을 잡아 이끌고 물건이 있는 장소로 이동하도록 합니다. 아이가 손으로 가리키며 달라고 요구하면 물건의 단어를 말해주거나, "주세요"라고 말하면서 아이가 따라 하도록 합니다.

"과, 자, 과자 주세요."

도움 요청하기

열어줘

아이가 좋아하는 간식이나 장난감을 투명한 지퍼백에 넣어둡니다. 아이가 지퍼백에서 물건을 꺼내려고 시도하다가 엄마에게 도와달라는 의미로 물건을 건네주거나 가리키면 엄마는 단어를 말해주거나 "주세요"라고 말하면서 아이가 말을 따라 하도록 합니다.

"사, 탕, 사탕 주세요."

"열어주세요."

언어 선생님 요구하기, 도움 요청하기, 선택하기, 가리키기 등은 언어의 초기 의사소통 기능입니다. 아이가 의도를 가지고 양육자와 의사소통하려는 태도를 보이고, 이에 대해 양육자가 적절한 반응을 해줄 때 상호작용이 이루어집니다.

심리 선생님 처음에는 양육자의 어조를 따라 하도록 합니다. 가리키는 손동작이 정확하지 않을 수 있지만, 의도를 가지고 표현하는 것 자체에 긍정적인 반응을 보여줍니다. 긍정적 반응에 아이는 의미 있는 의사소통을 시도하는 빈도가 늘어납니다.

놀이 확장하기

❶ 원하는 장소에 가자고 요청하기

외출할 때나 집 안에서 아이가 가고 싶은 장소가 있을 때 원하는 장소나 문을 가리키도록 합니다. 양육자가 먼저 손으로 가리킨 후에 "할미 집에 가", "침대에 가", "놀이터에 가"라고 말하면서 아이가 따라 하도록 합니다.

놀이터에 가

놀이터에 가

❷ 간식 찾아보기

양육자가 물건이나 간식이 어디 있는지 질문하고 아이가 손으로 가리키거나 대답해보도록 합니다. (예 "빠방 어딨지? 여기 있네", "주스 어디 있어? 저기 있지")

놀이 도와주기

가리키는(포인팅) 사물을 바라보지 않을 때

양육자의 손가락을 아이 눈 가까이에 위치시킵니다. 아이가 손가락에 시선이 고정되면 손가락을 좌우로 움직여 아이의 시선이 함께 따라 오도록 유도합니다. 가까운 거리의 물건을 손가락으로 가리켜서 함께 바라봅니다. 이후 점차 먼 거리의 물건을 가리켜서 바라보도록 유도합니다.

해달라고 잡아끌기만 하고 달라고 표현하지 않을 때

양육자의 어조나 말을 따라 하기 어려운 아이는 손동작부터 시도합니다. 손바닥을 펼쳐서 앞으로 내밀고 '주세요' 동작을 시도합니다. 동작을 모방하기 어려운 아이라면 양육자가 아이 손을 잡고 손동작을 만들어줍니다. 손동작으로 표현했을 때 원하는 물건을 얻게 되는 경험이 반복되면 자기 행동에 따른 결과를 인지하고 점차 동작으로 표현하려는 시도가 많아집니다. 익숙해진다면 점차 어조와 말을 따라 하도록 도와줍니다.

기다리는 것을 힘들어할 때

성격이 급한 아이는 요구하기 전에 자기 스스로 가구를 밟고 기어 올라가서 물건을 가져오려고 합니다. 반대로 요구했을 때 바로 원하는 것을 얻지 못하면 쉽게 포기하고 다른 자극으로 흥미를 전환하는 아이도 있습니다. 이런 아이들의 경우에는 요구를 언어로 말할 때 재빨리 원하는 것을 주어서 언어 표현을 강화해야 합니다. 말로 표현하는 것이 익숙해지면 서서히 반응 시간을 늘려줍니다.

걷고 뛰기 시작해요

★ ★

 이 놀이를 추천하는 이유

4 밀고 끌기 놀이

- 대근육 발달을 도와줍니다.
- 주고받는 놀이는 사회성 발달을 도와줍니다.

5 데굴데굴 공놀이

- 대근육 발달을 도와줍니다.
- 공놀이는 시지각 발달에 도움을 줍니다.

감각과 신체 발달을 위해 이렇게 놀아주세요

스스로 물체를 조정해보는 경험을 시켜주세요

걸음마를 시작하면 바퀴나 끈이 있는 장난감을 밀고 끌고 다니는 놀이를 재미있어합니다. 밀고 끄는 활동으로 스스로 물체를 조정해보는 경험을 시켜주세요. 걸음마를 시작한 후 걷는 것이 안정되기 시작하면, 18개월 후에는 뛰기도 하고 손을 잡고 계단을 오를 수 있고, 공을 던져보고 앞으로 차기도 합니다. 세상 밖으로 첫발을 내딛는 아이와 재미있는 놀이로 대근육 발달을 도와주세요.

 ## 언어 발달을 위해 이렇게 놀아주세요

몸을 움직이는 놀이를 많이 해주세요

걷기 시작하면서부터는 많은 사물을 접하고 다양한 경험을 합니다. 보고 만져보면서 사물의 이름을 배우게 됩니다. 또 움직임이 많아지면서 동작어(동사)에 대한 이해도 늘어납니다. 아이들과의 다양한 신체 활동은 언어 자극도 주면서 성장 발달도 도와줍니다. 몸을 움직이는 놀이를 많이 하도록 해주세요.

정서와 사회성 발달을 위해 이렇게 놀아주세요

아이의 움직임을 지지해주고 항상 안전기지가 되어주세요

기어가기, 걷기 등 이동 능력이 발달하면 아이는 양육자에게서 떨어져서 적극적으로 환경을 탐색해 나갑니다. 특히 두 발로 서게 되면 시야가 달라지고 원하는 곳으로 스스로 갈 수 있게 됩니다. 이것은 아이에게 아주 특별하고 위대한 변화입니다. 그러면서 점차 자신을 양육자와 분리된 하나의 독립적인 존재로 인식하게 됩니다.

이 시기의 아이는 무언가를 탐색하다가도 뒤돌아서서 양육자의 존재를 확인하곤 합니다. 그럴 때 미소를 지어 보이거나 언어적 반응을 해주면 아이는 안정감을 느낍니다. 아이의 움직임을 지지해주고 항상 안전기지가 되어주세요.

밀고 끌기 놀이

★ **놀이 분야**   감각통합

★ **준비물**   끈, 작은 장난감, 바퀴가 있는 카트 또는 유모차 장난감, 쿠션

★ **사전 준비**   다치지 않도록 미리 주변을 정리하고 매트 위에서 합니다.

장난감 선택하기

끌기 놀이할 때는 아이와 함께 아이가 좋아하는 장난감을 선택해서 끈으로 묶어둡니다.

밀기 놀이할 때도 장난감 유모차나 카트에 어떤 장난감을 넣고 움직일지 아이와 함께 정합니다.

"민서가 장난감 기차로 변신시키자."

"와! 공룡 기차 장난감이다."

"어디로 배달하러 갈까요?"

밀고 끌고 이동하기

엄마가 먼저 장난감을 끈으로 묶어서 끌고 다니는 모습을 보여준 후 아이가 자유롭게
돌아다니게 합니다. 그리고 목적지를 정해서 아이가 끌고 밀면서 올 수 있도록 합니다.
"공룡 기차야, 같이 가자. 칙칙폭폭."
"민서가 밀어. 엄마가 끌게."

장난감 가져오기

엄마가 여러 개의 쿠션으로 산을 만들고, 꼭대기에
줄이 달린 장난감(기차 등)을 놓습니다.
아이가 쿠션에 올라가 장난감에 달린 줄을 당겨서
장난감을 가져오게 합니다.
"산 위에 있는 기차를 가져오자."
"민서가, 가져왔구나. 최고!"

언어 선생님 양육자는 아이의 행동을 표현하는 다양한 어휘를 말해줍니다. (예) 밀다, 끌다, 가다, 당기다) 직접 경험하며 배운 단어는 쉽게 이해합니다.

 감각 통합 선생님 물건을 끌고 밀고 들어 올리는 움직임을 통해 아이의 성장에 필요한 감각이 입력됩니다. 다양한 힘을 느끼고 움직임을 조절하는 경험으로 감각 발달을 도와줍니다.

 심리 선생님 밀고 끌기 활동으로도 모방놀이가 가능합니다. 예를 들면 양육자가 청소기를 잡아준 상태에서 아이가 청소기를 잡고 밀어보게 하거나 장난감 유모차에 아기 인형을 태워 아이 스스로 밀고 끌게 하는 등 모방놀이를 도와줍니다.

 ## 놀이 확장하기

❶ 야외에서 손잡이가 달린 장난감을 밀어보거나 자신의 유모차를 밀어보게 합니다.

 ## 놀이 도와주기

아직 걸음마를 하지 못할 때
- 아이가 가구를 잡고 일어설 수 있는 높이에서 끈으로 장난감이나 풍선을 매달아 만져보고 팡팡 쳐보는 놀이를 합니다.
- 움직이는 장난감을 네발 기기로 잡는 놀이를 하면서 걷기 전 필요한 기초 능력을 길러줍니다.

데굴데굴 공놀이

★ **놀이 분야**　감각통합

★ **준비물**　가벼운 공, 종이 혹은 은박지, 공을 담을 수 있는 작은 상자 혹은 바구니

★ **사전 준비**　• 실내에서 하는 공놀이기 때문에 사고 예방을 위해 비교적 가볍고 안전한
공을 선택합니다.
　　　　　　• 다치지 않도록 미리 주변을 정리하고 매트 위에서 합니다.

골대로 골인시키기

엄마가 작은 상자나 바구니로 골대를 만들어 준비
합니다. 골대에 공을 손으로 굴려보거나 발로 차서
골인할 수 있도록 도와줍니다.
"민서가 공을 굴려서 골인시켜줘."
"슛~! 골인!"

공 만들어서 던지기

아이가 종이나 은박지를 구기면 엄마는 좀더 꼭꼭 눌러 공을 만들어줍니다. 만든 공을 굴려보기도 하고 던져보기도 하고 작은 상자나 바구니에도 넣어 보게 합니다.

"민서가 꼭꼭 눌러서 공을 만들어보자."

"엄마, 아빠한테 공 주세요. 슛~!"

경사로에서 공 굴리기

엄마가 상자를 이용해서 경사로를 만들어 준비합니다. 아이와 함께 경사로에 공을 놓고 굴러가는 것을 보며 놀 수 있도록 도와줍니다.

"이건 공이야. 손을 놓으면 어떻게 될까?"

"데굴데굴 굴러간다."

전문가 TIP

 감각통합 선생님
- 17개월 정도가 지나면 시범 없이도 큰 공을 찰 수 있습니다.
- 18개월 정도 지나면 머리 위로 손을 올려 공을 던질 수 있습니다. 이전 개월 수의 아이라도 공을 자유롭게 던지거나 굴릴 수 있게 도와줍니다.

 심리 선생님
목적을 이루기 위해 다양한 방법을 사용하는 놀이는 아이의 성취감을 높여줍니다. 골대가 있으면 목표가 분명해지고, 골을 넣으려는 시행착오는 문제해결 능력을 증진합니다. 또 공을 긴 막대로 쳐보게 하여 도구 사용도 자연스럽게 익히게 합니다.

놀이 확장하기

❶ 종이컵을 탑처럼 쌓아 놓고 볼링이나 축구를 하듯이 공을 굴리거나 던지고 차보면서 종이컵 쓰러트리기 놀이를 합니다.

❷ 긴 막대기(백업, 신문지 등)를 사용해 골프 치듯이 공을 쳐서 굴려보는 놀이를 합니다.

 놀이 도와주기

공이 굴러가는 것을 눈으로 따라 가지 못할 때

• 목표 지점(사람, 사물)과의 거리를 좁혀줍니다.
• 풍선은 공보다 따라 보기 수월합니다.
• 풍선을 매달아서 손으로, 발로 쳐보면서 눈으로 따라 가며 볼 수 있도록 도와줍니다.
• 바닥에 마스킹 테이프를 길게 붙여 공이 지나가는 길을 표시해줍니다.

손과 발로 공을 굴리거나 차기를 어려워할 때

• 양육자가 공을 잡아서 머리 위로 들어 올리기, 공 굴리기, 공 던지기 등을 먼저 보여준 후에 아이와 함께합니다.
• 공이나 풍선에 끈을 달아 공중에 매달고, 아이가 두 손으로 공을 잡고 손을 놓아 보는 연습을 합니다.
• 아이가 넘어지지 않게 손을 잡아주고 다리를 들어서 찰 수 있게 도와줍니다.

손으로 놀아요

★ ★

 이 놀이를 추천하는 이유

❻ 차곡차곡 쌓기 놀이

• 소근육 발달과 시·지각 능력, 언어 발달을 도와줍니다.

• 자신감과 성취감을 높이고 사회성 발달을 도와줍니다.

❼ 쓱쓱 낙서하기 놀이

• 다양한 도구를 쥐어보는 움직임은 소근육 발달을 도와줍니다.

감각과 신체 발달을 위해 이렇게 놀아주세요

쌓기 놀이와 자조 기술 활동을 늘려주세요

이 시기의 아이는 블록 쌓기 놀이를 좋아합니다. 쌓는 활동은 자아 형성을 위해 중요한 놀이이므로 집에서 다양한 재료로 쌓기 놀이를 꾸준히 해주세요. 그리고 소근육 발달과 자조 기술 능력 향상을 위해 숟가락 사용, 손 씻기, 간단한 옷 벗기 등의 활동을 아이 스스로 할 수 있도록 격려해주어야 합니다. 따라서 아이의 소근육과 뇌 발달을 위해 조작하기, 촉각놀이, 자조활동 등을 골고루 경험하도록 해주세요.

 ## 정서와 사회성 발달을 위해 이렇게 놀아주세요

스스로 할 수 있도록 시도해주세요

아이는 성인이 되면 양육자와 분리되어 독립된 존재로 세상을 살아가야 합니다. 그러기 위해서는 일상생활을 스스로 유지할 수 있어야 하는데, 그때 필요한 아주 기본적인 기술을 '자조 기술'이라고 합니다. 주로 옷 입기, 밥 먹기, 씻기 등을 포함합니다. 자조 기술의 획득은 소근육 발달을 기초로 인지, 언어, 정서 등의 발달이 골고루 이뤄져야 합니다.

만약 아이의 미숙함이 답답해서 양육자가 대신 하게 되면, 시간이 갈수록 양육자도 지치고 아이는 자조 기술을 연습할 기회를 잃게 됩니다. 쌓기, 그리기 등의 활동을 통해 소근육 발달을 돕고, 스스로 양말 벗기, 바지 벗기, 도움받아서 티셔츠 입기 등을 시도하도록 도와주세요. 스스로 할 수 있는 일이 많아짐에 따라 건강한 자존감이 형성됩니다.

차곡차곡 쌓기 놀이

★ **놀이 분야** 감각통합

★ **준비물** 책, 블록, 플라스틱 통, 주사위, 두루마리 휴지, 쉐이빙폼

★ **사전 준비** • 아이가 안전하게 쌓고 무너트릴 수 있는 장소에서 쌓기 놀이를 합니다.

  • 앉아서 할 경우 아이가 바른 자세로 앉을 수 있는 공부상을 준비합니다.

  • 쉐이빙폼 활동 시에는 화장실 같이 마음껏 놀 수 있는 장소에서 합니다.

물건 쌓기

아이와 함께 집에 있는 다양한 블록과 물건을 가져와 준비합니다. 엄마가 물건들을 위로 쌓는 모습을 보여주고 아이가 쌓도록 도와줍니다.

"이건 민서가 좋아하는 책이네."

"민서가 먹는 과자상자도 가져왔구나."

"우리 위로 차곡차곡 쌓아보자."

쌓고 무너뜨리기

두루마리 휴지를 미리 준비해줍니다.
엄마는 아이와 함께 쌓아봅니다.
휴지성이 완성되면 함께 무너트립니다.
"민서랑 엄마, 아빠랑 휴지를 쌓아보자."
"무너트리는 것도 너무 재미있어."
"하나, 둘, 셋! 와르르르~ 잘했어요."

촉감 블록 쌓기 (24개월 이상)

주사위처럼 작은 블록(3cm 정도)을 아이와 함께 높
이 쌓아보며 연습합니다.
엄마는 작은 쟁반에 쉐이빙폼을 뿌려줍니다. 그리고
작은 블록에 쉐이빙폼을 묻혀서 쌓기를 합니다.
"하얀 크림에 콕콕 찍어서 쌓아보자."
"느낌이 부드럽다."

전문가 TIP

언어 선생님 활동이 다양해지면서 상황에 맞는 어휘도 달라지는 시기입니다. 사물의 이름 (명사), 동작(동사)을 나타내는 말이나 감정, 상태를 나타내는 말(형용사)도 이 해하거나 표현합니다. 놀이로 적절한 언어를 표현할 수 있게 도와줍니다.

감각 통합 선생님 • 13~18개월이면 작은 블록(주사위) 1~4개 정도, 19~24개월이면 6개 정 도 쌓을 수 있습니다. 아이 수준에 맞게 난이도를 조절합니다.

• 물건 쌓기 놀이는 자연스럽게 도형과 물건의 특성을 경험하게 해줍니다.

심리 선생님 무너뜨리기 놀이할 때 "하나, 둘, 셋" 말에 맞춰 무너뜨리는 간단한 규칙을 적용해봅니다. 또 아이 혼자 쌓기 놀이하는 시간을 주어도 좋습니다. 아이 가 놀이에 집중하면서 다양한 쌓기 방법을 생각해볼 수 있습니다.

놀이 확장하기

❶ 양육자가 먼저 블록으로 간단한 기차를 만드는 것을 보여준 후 아이가 따라서 만들 어보게 합니다.

놀이 도와주기

쌓기 놀이를 어려워할 때

• 양육자가 블록 쌓는 모습을 충분히 보여준 후, 아이의 손을 잡고 함께 쌓아봅니다.

• 나무 블록에 벨크로를 붙이면 무너트리지 않고 높이 쉽게 쌓을 수 있습니다.

쓱쓱 낙서하기 놀이

★ **놀이 분야**   감각통합

★ **준비물**   색도화지(회색, 검정 같은 진한 색), 붓, 핑거 페인트 물감, 장난감

★ **사전 준비**   • 물감 놀이를 할 때는 화장실 같이 아이가 마음껏 놀 수 있는 장소에서 합니다.

   • 아이가 바른 자세로 앉을 수 있는 공부상을 이용해도 좋습니다.

물로 낙서하기

엄마가 붓을 물에 찍어 색도화지에 콕콕 찍어보고
마음대로 낙서를 해보는 모습을 충분히 보여준 후
아이와 함께 색도화지에 마음껏 낙서합니다.
"붓을 물에 콕콕 찍어 그려보자."
"민서가 그린 그림이네."

핑거 페인팅 놀이

핑거 페인팅 물감을 탐색하고, 손에 묻혀 종이에 찍으면서 마음껏 낙서합니다.

"빨간색이네."

"민서 손이 파란색으로 변했어."

장난감으로 낙서하기

다양한 모양의 블록이나 장난감 자동차 바퀴에 물감을 콕 찍어서 아이와 함께 하얀 종이 위에 묻히는 놀이를 합니다.

"자동차 바퀴자국이다."

"민서 장난감 모양이 찍혔네."

언어 선생님 아이가 어휘를 이해한다면 단어를 더 덧붙여 문장으로 표현해주세요. 발화 길이가 증가하는 시기이므로 자연스러운 활동으로 자극을 주면 좋습니다. (예) "엄마 찍어", "정우 찍어")

 감각 통합 선생님 이 시기의 아이는 손바닥으로 잡기(Palmar-Supinate Grasp) 패턴으로 크레 파스를 손바닥 전체로 감싸듯이 잡고 낙서합니다. 다양한 도구와 재료를 사용한 낙서하기 놀이는 그리기 활동의 거부감을 줄여줍니다.

 심리 선생님 물이나 물감처럼 형태가 분명하지 않은 도구로 그림을 그리거나 찍는 놀이 는 아이의 상상력을 자극합니다. 그러나 지나치게 긴장하거나 손에 묻는 것을 싫어하는 아이는 크레용처럼 형태가 분명하고 손에 잘 묻지 않는 도구 로 시도합니다.

 ## 놀이 확장하기

❶ 양육자가 직선과 평행선으로 긋는 모습을 보여준 후 아이에게 따라 하도록 합니다.
❷ 물감을 묻힌 아이의 손과 양육자의 손을 하얀 종이에 찍어서 말린 후 함께 관찰하 고 비교해봅니다.

 ## 놀이 도와주기

도구 쥐기를 어려워할 때

핑거 페인팅 놀이나 거울 앞에서 로션 바르기 놀이, 클레이 주무르기 놀이 등 촉각놀이를 꾸준히 해줍니다. 그리고 컵에 블록 넣기, 클레이에 이쑤시개 꽂기, 휴지 찢기 등의 놀이는 소근육 발달을 도와줍니다.

행복한 놀이를 위해 양육자가 알아야 할 것

아이에게 삶은 놀이 그 자체입니다. 아이는 놀이를 통해 배우고 자랍니다. 최근 교육 과정이 놀이 중심으로 바뀐 것도 놀이가 가장 좋은 교육이고, 아이 스스로 놀이를 만들고 확장하는 힘이 있다는 것을 알기 때문입니다.

아이가 즐겁고 자유롭게 놀 수 있는 안전한 환경은 가정입니다. 따라서 양육자는 아이가 놀이에 몰두하고 상호작용할 수 있도록 도와줘야 합니다.

아이는 자발적으로 놀면서 만족감을 얻고 자기의 능력에 대한 믿음을 키워나갑니다. 그러기 위해서는 아이 스스로 놀이를 만들고 확장해보는 경험과 어른과 함께 놀아보는 경험 모두가 필요합니다. 전자인 또래 아이와 함께 또는 혼자 하는 놀이에서는 자신의 힘과 능력을 측정해보면서 가능성을 경험하고, 후자인 어른과 함께하는 놀이에서는 함께 문제를 해결하는 경험을 통해 세상을 살아가는데 필요한 기초적인 능력을 배우도록 도와줍니다.

다음은 아이의 행복한 놀이를 위해 양육자가 알아야 할 사항입니다.
첫째, 기본적인 발달 과정을 숙지하고 아이와 놀이를 시작합니다.
둘째, 놀이의 내용과 규칙을 잘 설명하기 위해 아이 수준에 맞는 언어를 사용합니다.
셋째, 미리 주어진 규칙에 무조건 따르게 하기보다는 동기부여를 위해 아이의 욕구에 맞춰 규칙이 자유롭게 변할 수 있는 놀이 환경을 제공합니다.

놀이는 훈련이 아닙니다. 훈련이 되는 순간 아이는 상상력과 창의력을 키울 수 없습니다.
아이가 자유롭게 놀 수 있는 놀이가 진짜 놀이입니다.

상징놀이와 모방놀이를 해요

★ ★

 이 놀이를 추천하는 이유

⑧ 누구세요 놀이

- 상징놀이를 통해 상상력을 키워줍니다.
- 자신만의 공간 확보는 독립심을 키워줍니다.
- 만들고 꾸미는 움직임은 소근육 발달을 도와줍니다.
- 간단한 표현을 주고받는 대화는 언어 발달을 도와줍니다.

⑨ 집안일 놀이

- 양육자 행동을 따라 하는 행동은 모방 능력을 키워줍니다.
- 실제 집안일 돕기로 확장하면 자조 기술이 발달합니다.
- 스스로 해낸 경험은 성취감과 자존감을 키워줍니다.
- 손을 사용한 다양한 집안일 놀이는 소근육 발달을 도와줍니다.

정서와 사회성 발달을 위해 이렇게 놀아주세요

상상력을 마음껏 발휘하며 놀 수 있게 도와주세요

아이가 '사과'라는 단어가 동그랗고 빨갛고 맛있는 과일이라는 것을 알게 되거나 강아지 그림을 보고 "멍멍"이라고 한다면 '상징'을 이해하는 수준입니다. 그러면서 점차 눈앞에 사물이 없더라도 머릿속으로 그려낼 수 있고, 행동하기 전에 생각하고 실행할 수 있는 능력이 발달합니다.

따라서 아이가 블록을 가지고 자동차처럼 굴려보거나 리모컨을 전화기처럼 활용해보는 등 물건의 원래 용도와 다르게 상상력을 마음껏 발휘하며 놀 수 있게 도와주세요.

안전한 도구나 장난감으로 모방놀이에 함께 참여해주세요

상징을 이해하고 사고하는 능력이 발달하면 점차 자기가 본 것을 시간이 흐른 후에 모방할 수 있게 됩니다. 이 시기에는 주로 양육자가 하는 행동을 그대로 따라 합니다. 바닥을 닦거나 설거지하거나, 아기 인형을 돌보고 자기도 음식을 먹는 척하는 놀이도 합니다. 이처럼 모방놀이는 사회적 상황을 간접적으로 경험하여 이해할 수 있게 돕고, 신체 발달과 인지 발달뿐만 아니라 풍부한 정서적 발달까지 도와줍니다.

따라서 안전한 도구나 장난감으로 모방놀이를 하도록 해주고 실제 집안일에도 참여시켜서 긍정적인 자아가 형성되도록 도와주세요.

언어 발달을 위해 이렇게 놀아주세요

평소 집안일 할 때 아이가 모방할 수 있게 언어로 말해주세요

일상생활에서 보고 듣고 모방하면서 아이의 놀이가 발달합니다. 놀이가 다양해지면 언어도 늘어갑니다. 빈 컵으로 물을 마시거나 인형에 뽀뽀하는 놀이는 자기 몸을 중심(13~16개월)으로 하는 상징놀이로, 이 놀이가 나타날 때는 언어를 낱말로 표현합니다.

　이후에 과일을 자르고 그릇에 담은 후 먹거나 인형을 씻기고 닦이는 연속적인 두 가지 이상의 상징놀이(20~23개월)를 할 때는 언어적으로 낱말을 조합해 문장으로 표현하기 시작합니다. 이처럼 다양한 경험을 통한 모방놀이를 하면서 점차 사물이나 개념을 표현하는 언어 능력이 발달합니다. 따라서 아이가 평소에 다양한 경험을 할 수 있게 옆에서 양육자의 행동을 모방하도록 도와주고 언어로 상황을 표현해주세요.

 ## 감각과 신체 발달을 위해 이렇게 놀아주세요

서툴러도 아이에게 집안일 경험을 많이 쌓게 해주세요

자조 기술은 모방놀이를 통해 양육자 또는 형제자매의 행동을 관찰하고 도구를 사용하는 반복적인 경험으로 습득됩니다. 별도로 시간 내서 소근육 발달을 위한 놀이나 훈련하기보다는 평소 소소한 집안일을 돕고 양육자를 따라 하는 것만으로도 충분히 자조 기술을 획득할 수 있습니다.

누구세요 놀이

★ **놀이 분야** 정서와 사회성

★ **준비물** 큰 종이상자, 꾸미기 도구(펜, 색종이, 테이프, 칼 등), 아이 얼굴 사진

★ **사전 준비** 큰 종이상자는 아이가 들어갈 수 있을 정도의 크기로 준비합니다.

상자 집 만들기

아이가 들어갈 수 있을 정도로 큰 종이상자에 구멍을 내어 문을 만들어줍니다. 아이 얼굴을 그려 넣거나 사진을 붙이거나 이름을 써주면 더 좋습니다.
"우리 민서네 집을 꾸며주자."

상자 집 방문하기

아이가 상자 집에 들어가 있고 엄마가 밖에서 상자
문을 두드리면 아이가 안에서 문을 열고 나오게
합니다.

"똑똑똑. 민서야, 엄마야~."

"띵동띵동~ 토끼가 놀러왔어요."

전문가 TIP

 선생님 이 시기의 아이는 소유에 대해 이해합니다. 자기만의 공간을 만들고 "민서
꺼", "민서네 집"을 표현해주면서 소유에 대해 알 수 있도록 도와줍니다.

 선생님 그림 형태가 나오지 않아도 됩니다. 아이 스스로 상자에 낙서하게 도와줍
니다.

 선생님 • 집 외에도 아이가 좋아하는 자동차, 기차 등으로 바꾸어도 좋습니다.

• 상자 안 어둠을 무서워한다면 상자 안에 전등을 넣어주거나 지붕이 없는
집으로 변경해도 좋습니다.

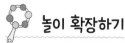 **놀이 확장하기**

❶ 상자 집 꾸미기

꾸미기 놀이를 충분히 했다면 다음은 신체 놀이로 확장합니다. 상자 집에 다양한 촉감의 재료를 붙여서 탐색하게 합니다. 또는 아이 스스로 도장 찍기, 그리기 놀이를 하면서 상자 집을 꾸미도록 유도합니다.

❷ 테이블로 집 만들기

상자가 크지 않거나 적절한 도구를 찾기 어렵다면 테이블이나 책상에 이불을 덮어 요새로 만들어줍니다.

❸ 상상놀이

아빠, 엄마 외에도 늑대, 호랑이 등 무서운 동물이 찾아왔다고 말하기도 하고, 토끼나 고양이 친구가 놀러왔다고 하면서 아이가 다양한 상황을 상상할 수 있도록 도와줍니다.

 놀이 도와주기

아이가 상상력을 발휘하는 걸 어려워할 때

상상보다는 모방하는 것이 더 편한 아이도 있습니다. 집을 주제로 하는 동화책을 아이와 함께 읽거나 종이상자로 만든 집 사진을 인터넷으로 찾아서 함께 보면서 이야기해줍니다. 그러면서 어떻게 만들고 놀이하면 좋을지를 아이가 미리 상상해보게 한 후에 사진이나 그림을 참고해서 놀이를 진행합니다.

집안일 놀이

★ **놀이 분야**　정서와 사회성

★ **준비물**　다양한 주방 놀이 장난감(또는 플라스틱 용기), 대야, 수세미, 물티슈 또는 수건

★ **사전 준비**　• 깨지지 않는 가벼우면서 안전한 그릇으로 준비합니다.

　　　　　• 실제 양육자가 집안일을 할 때 옆에서 따라 할 수 있도록 준비합니다.

　　　　　• 설거지 놀이할 때 실제 물을 사용하게 하려면 목욕하기 전 욕실에서 합니다.

설거지하기

큰 대야에 장난감 그릇이나 컵 등을 담고 아이와 함께 설거지 하는 행동을 합니다. 아이가 평소 사용하는 플라스틱 컵을 사용하거나 수세미 대신 부드러운 천 등을 활용합니다.

"쓱싹쓱싹, 그릇 닦아."

"컵 닦아줘."

바닥 닦기

엄마가 물티슈나 수건으로 바닥 닦는 모습을 보여줍니다. 아이가 엄마의 행동에 관심을 보이면 아이에게도 물티슈나 수건을 주고 엄마 행동을 따라 하도록 합니다. 아이가 닦는 시늉을 하면 칭찬해줍니다.

"지지 닦자."

"바닥 닦아, 쓱싹쓱싹."

"민서가 깨끗이 닦았네. 고마워."

전문가 TIP

언어 선생님 아이는 일상생활에서 양육자가 하는 행동이나 말을 모방하면서 언어 능력이 발달합니다. 아이와 함께 집안일을 하면서 적절한 표현을 말해줍니다. 때로는 반복되는 간단한 일을 지시하고 따를 수 있도록 도와줍니다.

감각통합 선생님 청소, 설거지, 빨래 등은 소근육 발달에 좋습니다. 손에 다양한 감각을 입력해주고 여러 손동작(쥐기, 짜기, 넣기 등)을 익히게 도와줍니다.

심리 선생님 뭔가를 완벽히 수행하기 어려운 시기이므로, 양육자를 따라 하려는 시도 자체에 관심을 보여주고 칭찬하여 자기를 긍정적으로 인식하도록 도와줍니다.

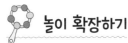 **놀이 확장하기**

❶ 집안일 참여하기

마른빨래를 개어서 아이에게 정해진 장소에 가져다 두게 합니다. 손수건이나 양말, 속옷 등 부피가 작은 것부터 시작합니다. 또는 장난감이나 책을 제자리에 가져다 두게 합니다. 아이가 위치를 잘 모른다면 정해진 서랍에 그림을 붙여서 알아보기 쉽게 도와줍니다. 또한 자기가 벗은 신발을 정리하여 정해진 자리에 두도록 지시합니다. 가능하다면 엄마, 아빠 등 다른 가족의 신발도 정리해볼 수 있도록 지시합니다.

❷ 흉내내기 놀이

흉내내기 놀이로 동물 소리를 흉내내도록 합니다. 아이가 동물의 울음소리나 행동을 따라 하게 하면서 동물의 이름이나 특징을 배울 수 있도록 도와줍니다. (예 "오리처럼 해보자 꽥꽥", "토끼처럼 깡충깡충")

 놀이 도와주기

언어 이해를 어려워할 때

지시할 때 짧은 단어로 말해줍니다. (예 "그릇 닦아", "과일 잘라")

따라 하는 것을 힘들어할 때

아이 손에 장난감을 쥐여주면서 주의를 끌거나 양육자가 아이 손을 잡고 수행합니다. 점차 행동 촉구를 줄이면서 언어적인 촉구를 늘립니다. 또한, 목표로 제시하는 모방 행동은 짧고 쉽게 제시합니다. 설거지 놀이라면 수세미를 그릇에 가져다 대는 것까지만 모방하도록 합니다. 또는 그릇 한 개만 닦는 것을 목표로 한 후 조금씩 난이도를 높입니다.

24개월까지 '감각운동기'라고 불리는 이유

이 시기의 아이는 서고 걷기 시작하면서 다양한 경험을 하고 활동의 반경이 커지면서 호기심도 많아집니다. 자기의 모든 신체를 활용해 세상을 탐색해 나갑니다. 그러면서 시행착오도 거치고 문제를 해결하면서 지적인 행동도 생겨납니다. '양말을 손으로 잡아당겼더니 벗겨졌네'와 같이 자신의 움직임이 결과에 영향을 준다는 것을 인식하게 됩니다.

심리학자 피아제는 인지 발달 단계에서 출생 후부터 24개월까지를 감각운동기라고 했습니다. 그만큼 이 시기의 감각 경험과 통합은 발달에 중요한 역할을 합니다. 하지만 안타깝게도 영아기부터 시각을 강조하는 놀이와 미디어의 조기 노출이 많아졌습니다. 장난감이 화려해지고 종류도 다양해졌습니다. 하지만 아이가 탐색하고 다양한 놀이를 생각하며 확장하기에 적합하지 않은 장난감도 많아졌습니다. 재질도 플라스틱이 많습니다. 특히 시각만 강조하는 반짝거리는 장난감과 미디어 노출은 제한된 감각 자극만을 받아들이게 합니다. 결국 이러한 환경은 발달에 부정적인 영향을 주어 감각의 불균형을 일으키는 원인이 됩니다.

아이는 시각 자극뿐만 아니라 미끈거리고 거칠고 물렁거리고 딱딱한 다양한 질감의 촉각 경험도 해야 합니다. 걷고 뛰고 만지고 보고 듣고 냄새를 맡으며 다양한 감각과 움직임도 경험해야 합니다. 이러한 경험은 뇌가 균형 있게 발달하도록 도와줍니다.

아이는 고가의 장난감보다 양육자와의 스킨십과 집에서 쉽게 구할 수 있는 재료로도 충분히 행복한 놀이를 할 수 있습니다. 아이의 발달은 한두 가지 감각만으로 이루어지지 않습니다. 다양한 감각이 모두 어우러져야 건강하게 발달합니다. 따라서 양육자는 아이 스스로 다양한 감각을 탐색을 할 수 있는 안전한 환경과 기회를 제공해주어야 합니다.

또래와 함께 놀지 않아도 괜찮아요

 이 놀이를 추천하는 이유

⑩ 옆에서 반응해주기 놀이

• 양육자의 반응을 통해 자신의 행동이 타인에게 어떻게 보이는지 인식할 수 있습니다.

• 양육자의 관심 어린 반응을 통해 유대관계가 증진됩니다.

• 양육자의 반응을 통해 감정을 인식합니다.

⑪ 인지 쑥쑥 놀이

• 원인에 따른 결과를 이해하도록 도와줍니다.

• 목적을 위한 수단을 구상하게 도와줍니다.

• 문제해결 능력을 길러줍니다.

• 놀잇감의 기능을 이해하고 작동하는 기술이 증진됩니다.

• 작은 물건을 조작할 수 있는 소근육 발달을 도와줍니다.

• 동물 이름을 알고 울음소리를 기억하게 도와줍니다.

• 색깔을 인지하도록 도와줍니다.

• 거리에 대한 개념을 이해하도록 도와줍니다.

정서와 사회성 발달을 위해 이렇게 놀아주세요

혼자 하는 놀이를 충분히 지켜봐 주세요

이 시기의 아이가 혼자 노는 것은 자연스러운 모습입니다. 처음에는 자기 손가락, 발가락을 가지고 놀다가 몸을 흔들어보거나 뛰어보기도 하고, 주변의 물건을 눌러보고 두드려보면서 대근육과 소근육이 발달합니다. 또는 물건을 툭 쳐서 떨어뜨려 보거나 줄을 잡아당기는 등 자기 행동에 따른 결과를 관찰하기 위한 놀이를 하면서 인지가 발달합니다. 이 단계를 충분히 거치면 균형 잡힌 발달이 이루어지고 이렇게 이룬 아이는 점차 타인으로 관심이 확장되면서 다른 사람과 함께하는 놀이가 가능해집니다.

양육자는 아이가 혼자놀이에 몰두할 때 방해하지 않으면서도 관심 어린 시선으로 지켜봐 주세요. 그리고 아이의 행동, 욕구, 감정을 유심히 관찰하고 부드러운 언어로 표현해주세요.

발달 수준에 맞춘 놀이를 하도록 도와주세요

놀이 발달은 사회적 상호작용 정도에 따라 나뉩니다(Parten, 1932). 만 2.5세까지는 또래와의 놀이에 참여하지 않고 주로 혼자 하는 놀이를 하다가, 이후에 점차 또래와 가까운 거리에서 비슷한 놀이를 개별적으로 하는 평행놀이(만 2.5~3.5세)를 합니다. 이후 같은 놀이를 하면서 장난감을 교환하거나 의사소통을 주고받는 등 집단놀이의 초기 단계인 연합놀이(만 3.5~4.5세)가 시작됩니다. 그리고 점차 공동의 목적을 가지고 하는 협동놀이(만 4.5세 이후) 순서로 발달하게 됩니다. 혼자놀이할 때 이루어지는 인지와 운동 발달, 그리고 평행놀이할 때 이루어지는 비언어적 상호작용은 이후 또래와 함께하는 놀이에서 든든한 자원이 됩니다. 따라서 아이 발달 수준에 맞춘 놀이를 할 수 있게 도와줍니다.

언어 발달을 위해 이렇게 놀아주세요

질문과 설명을 한쪽으로 치우치지 않게 균형 있게 해주세요

아이는 타인과 상호작용을 하며 언어를 배우고 습득합니다. 이 시기에는 아직 대화를 유지하며 놀이하는 시간이 짧고 미숙하지만, 세상을 배우는 과정이기 때문에 양육자의 관심과 모델링은 아이의 성장 발달에 큰 영향을 미칩니다.

따라서 양육자는 아이에게 자극을 줄 때 상황에 맞게 질문을 하여 수용언어를 높여주고 사고력을 키워주세요. 또한, 상황에 맞는 단어나 동작들, 감정과 같은 것들을 적절히 언어로 표현해주며 모델링해주면 발달에 큰 도움이 됩니다.

만약 모든 상황에서 질문만 한다거나 상황만을 말해준다면 어느 한쪽으로 치우쳐져서 발달의 균형이 맞지 않을 수 있습니다. 무엇보다 아이의 수준과 성향에 따라 조절하며 자극을 주는 것이 필요합니다.

옆에서 반응해주기 놀이

★ **놀이 분야** 정서와 사회성

★ **준비물** 없음

★ **사전 준비** • 아이가 편안하게 자기 놀이에 몰두하고 있는 순간을 활용합니다.

　　　　　　 • 아이가 같이 놀기를 원하거나 양육자의 반응을 구할 때 진행합니다.

아이 행동 말해주기

자동차가 슝~
지나가네

아이가 자유롭게 놀이하고 있을 때 아이가 선택한 놀이를 관찰하거나 비슷한 놀잇감을 가져와 옆에서 같이 합니다. 아이의 행동을 옆에서 관찰하고 그대로 언어로 말해줍니다.

"자동차가 슝 하고 지나가네."

"소방차로 불 끄는구나."

아이 감정 말해주기

아이가 자유롭게 놀이하고 있을 때 옆에서 놀이를
관찰하며 아이의 감정을 언어로 말해줍니다.
"여기 안 들어가서 속상하구나."
"쓱싹쓱싹 재밌다. 민서가 많이 재밌나보다."

놀이 확장하기

❶ 아이가 즐거워하는 놀이하기

양육자는 아이와 놀이할 때 교육적인 목표를 가지고 가르치려는 경향이 많은데, 이런
점을 유의해야 합니다. 때로는 목표를 잠시 내려두고 놀이의 본질인 즐거움을 위해 함
께 놀아줍니다.

  놀이할 때는 아이가 시도하는 것에 함께 열중하고, 잘 안되면 같이 속상해하고, 때로
는 같이 큰 소리로 웃어줍니다. 아이와 양육자의 관계가 더욱 돈독해지면서 아이도 긍
정적인 정서를 충분히 경험하게 됩니다.

언어 선생님 아이가 상황을 적절하게 언어로 표현한다면 다음은 다양한 질문을 통해 사고력을 키워줍니다. 아직 상황에 맞는 어휘를 모르거나 적절한 표현이 어렵다면 양육자가 상황을 읽어주거나 감정을 대신 표현하여 인지하도록 도와줍니다.

심리 선생님 ◆ 아이의 행동을 그대로 표현하는 것과 행동을 평가하는 말은 분명 다릅니다. "잘했네", "예쁜데?" 등의 표현은 칭찬처럼 들릴 수 있지만, 자칫 아이한테는 놀이를 평가하는 말로 들릴 수 있으니 유의합니다. 어떤 아이는 옆에서 계속 말을 걸고, 행동 하나하나에 반응하는 것을 귀찮아할 수 있습니다. 아이가 원하지 않으면 말과 행동을 멈추고 의견을 존중해줍니다.

◆ 옆에서 반응해주기 놀이는 특정한 놀이 소개가 아니라, 아이 혼자 놀 때 양육자가 옆에서 아이에게 보여야 할 반응과 태도에 대한 소개입니다. 일상과 놀이 상황에 적용해봅니다.

 ## 놀이 도와주기

**옆에 다가가기만 해도
등을 돌리거나 도망가 버릴 때**

먼 거리에서 아이의 놀이를 가만히 지켜봅니다. 이후 점차 아이와의 거리를 좁혀 나갑니다. 이때 언어적, 행동적 개입을 하는 경우 다시 등을 돌려 앉거

나 장난감을 가지고 자리를 이탈할 수 있습니다. 아이의 놀이에 개입하지 않고 옆에서 비슷한 놀잇감을 가지고 따로 놀면서 타인과 공간을 공유하는 것부터 익숙해지도록 도와줍니다.

인지 쑥쑥 놀이

★ **놀이 분야** 정서와 사회성

★ **준비물** 물, 종이컵, 식용색소, 숟가락, 상자, 꾸미기 도구(색연필, 색종이),

색칠할 수 있는 다양한 과일 그림, 가위, 풀백 기능이 있는 자동차

★ **사전 준비** • 색칠할 수 있는 그림은 단순하고, 테두리가 분명한 것으로 준비합니다.

• 물을 사용할 때 욕실에서 하면 보다 편하게 놀고 정리도 편리합니다.

주스 만들기

컵에 물을 담고 식용색소를 떨어뜨립니다. 아이가 숟가락으로 휘저어서 물의 색깔이 변하

도록 합니다. 색깔이 변한 물을 주스라고 말하고
다양한 주스 이름을 들려주면서 상상력을 자극
합니다. 색소를 섞기 위해 숟가락이라는 도구를
사용하고, 휘젓는 방법을 사용해야 한다는 것을
인지할 수 있습니다.

"숟가락으로 빙글빙글, 주스 만들자."

"분홍색 주스 만들자."

냠냠 밥 주기

상자에 동물 얼굴을 그려 넣습니다. 동물의 입 위치에 맞게 구멍을 뚫어줍니다.

여러 가지 과일을 테두리가 굵고 단순한 그림으로 준비해 아이 혼자 색칠하도록 합니다. 과일 그림을 오려준 후 엄마가 과일 이름을 말하면 아이가 알맞은 과일 그림을 골라 동물에게 먹여주도록 합니다.

"딸기는 빨간색으로 칠해보자."

"토끼가 밥 먹어. 냠냠."

"토끼에게 딸기 주자."

자동차 경주하기

풀백 기능이 있는 자동차 장난감을 준비합니다. 엄마가 자동차를 가지고 조작하는 방법을

뒤로 당겼다가 놓는 거야

보여줍니다. 아이가 관심을 보이면 자동차를 잡고 뒤로 당겼다가 놓을 수 있도록 도와줍니다. 그리고 아이가 혼자 시도해볼 수 있도록 기다려줍니다.

조작 방법을 익히면 엄마와 함께 두 개의 자동차로 경주한 후에 멀리, 가까이 간 자동차를 찾아봅니다.

"자동차 출발! 이렇게 당겼다가 놓는 거야."

"더 멀리 간 자동차는 어떤 거지?"

선생님 아이는 다양한 경험을 하면서 언어 표현이나 인지 개념을 늘려갑니다. 놀이를 마친 후에는 간단한 질문으로 놀이 과정이나 감정에 대해 대답하도록 도와주어서 사고력과 대화 능력을 키워줍니다.

 선생님 아직 테두리 안에만 색칠하는 정교한 작업은 힘든 시기입니다. 낙서하는 것처럼 색칠해도 긍정적으로 반응해줍니다.

 선생님 • 목표가 있는 놀이를 할 때는 어떤 놀이를 진행하게 될 것인지 아이에게 미리 설명합니다. 양육자가 해야 할 것과 아이가 해야 할 부분에 대해서도 충분히 설명합니다. 이런 행동만으로도 앞으로 일어날 상황에 대해서 미리 생각해보고 자기 행동을 계획할 수 있는 능력이 발달합니다.

• 양육자가 놀이하는 모습을 먼저 보여준 후 아이가 혼자놀이에 몰두할 수 있도록 도와줍니다.

 ## 놀이 확장하기

❶ 주스 만들기 놀이할 때 빠르게, 느리게 저어보면서 속도에 대한 개념을 익히게 도와줍니다. 또 다양한 방향으로 저어보면서 방향에 대한 개념도 확장해줍니다.

❷ 냠냠 밥 주기 놀이는 다양한 동물을 그려서 상자에 넣어주면서 동물 이름을 익히게 도와줍니다. 또 그에 맞는 동물 울음소리나 행동을 들려주어서 기억하도록 도와줍니다. 예를 들면 양육자가 "꽥꽥, 누구지?" 하며 동물의 울음소리를 들려주거나 개구리처럼 뛰는 등 동물의 행동을 보여준 후 아이가 어떤 동물인지 기억하고 유추하여 맞춘 동물에게 음식을 주도록 유도합니다.

❸ 태엽을 감으면 소리가 나는 인형, 태엽을 감으면 돌아가는 세탁기, 태엽을 돌리면 조작이 되는 토스터기 등의 장난감은 자기가 태엽을 감으면 장난감이 움직인다는 원인과 결과를 인지하도록 도와줍니다. 또한, 태엽을 감는 움직임은 소근육 발달을 도와줍니다. 조작이 어려울 때 여러 번 시도해보거나 양육자에게 도움을 청하는 등 다양한 해결 방법을 찾아봅니다.

 놀이 도와주기

양육자가 준비한 놀이에 관심이 적을 때
발달이 더디거나 느리다면 아이가 혼자 하는 놀이라도 양육자가 방법을 알려주어야 할 때가 있습니다. 그럴 때는 아래와 같이 도와줍니다.

와, 이거 정말 재미있다 민서도 해볼래?

• 주변 자극이 적은 장소로 이동합니다.

• 일과 중에 양육자와의 놀이 시간을 일정한 시간에 진행합니다. 짧은 시간에서 점차 시간을 늘려줍니다. 타이머를 맞춰두어도 좋습니다.

• 양육자가 재밌게 놀이하는 모습을 보여주면서 아이의 관심을 유도합니다.

• 놀잇감에 금방 흥미를 잃어버린다면 잠시 안 보이는 곳에 치워두고 시간이 지난 후에 다시 꺼내어 줍니다.

• 작은 과자나 아이가 좋아하는 놀이를 보상으로 줍니다.

• 목표는 발달 수준에 따라 작게 나누어 동기를 높여줍니다.

13~24개월에 이런 점이 궁금해요

말귀는 알아듣는데, 말이 늘지 않아요

아이가 몸짓(제스처)으로 의사소통하거나 일상생활에서 지시 따르기가 가능하고 상호작용은 원활히 이루어지지만, 표현언어가 더디다면 조급해하지 말고 기다려줍니다.

다음과 같이 아이에게 꾸준한 자극을 주면 좋습니다.

- 아이가 좋아하는 사물이나 놀이 상황에서 언어 자극을 적절히 줄 때 아이의 표현 욕구가 늘어납니다.
- 양육자는 아이에게 필요한 것을 먼저 제공하지 않고 기다려줍니다. 아이가 먼저 제스처나 발성으로 표현할 때 도움을 주면 상호작용을 늘릴 수 있습니다.
- 아이가 해야 할 말이나 행동을 양육자가 대신 표현해서 알려줍니다(모델링).
- 소리나 문장을 정확하게 따라 하지 않아도 됩니다. 아이가 정확하게 할 때까지 계속 재촉하면 말로 표현하는 것에 위축될 수 있습니다. 비슷하게 표현하거나 발성을 시도했다면 적절히 반응해줍니다.

영유아 발달은 개인차와 자극을 주는 환경에 따라 차이를 보입니다. 또래와의 발달 수준을 확인하면서 적절한 자극을 제공합니다. 만약 일상생활에서 표현언어가 느린 것 이외에, 적절한 의사소통이 이루어지지 않고 눈맞춤이나 상호작용에 어려움을 보이면 전문가 상담을 받아보기를 권합니다.

내 아이 기질에 맞는 놀이법은?

기질이란 타고난 재료와 같습니다. 이 재료를 바탕으로 성격을 형성하게 되지요. 그래서 아이의 기질을 이해하는 것은 중요합니다. 흔히 아이의 기질을 순한 기질, 까다로운 기질, 느린 기질로 나누는데, 자극 추구, 위험 회피, 보상 의존성의 독립적인 세 가지 차원으로도 이해할 수 있습니다(Cloninger, 1987). 놀이를 시작하기 전, 우리 아이가 어떤 기질적인 특성이 높은지 확인해보세요.

아이가 다양한 자극에 호기심이 많고 탐색하는 것을 즐기고 한편으로는 금방 지루해하며 또 새로운 자극을 찾는다면 '자극 추구 기질이 높은 아이'입니다. 이런 경우 하나를 진득하게 가지고 노는 것을 기대하기보다는 여러 가지 활동을 짧게 많이 제공해주는 것이 좋습니다. 다양한 자극을 제공해주거나 다양한 환경을 경험하게 하도록 합니다.

반대로 새로운 자극에 쉽게 불안을 느껴 행동이 억제되고 움츠러드는 아이는 '위험 회피 기질이 높은 아이'입니다. 이럴 때는 자극물을 탐색해볼 수 있는 도입 시간을 길게 가집니다. 양육자가 재밌게 가지고 노는 모습을 보여주거나 자극물을 먼 거리에 두어 익숙해지게 합니다. 억지로 시키기보다는 평소에 익숙한 자극물을 활용해 여러 번 반복하면서 확장해나갑니다. 성취하는 경험이 쌓이면 점차 다양한 자극에 관심이 생길 것입니다.

한편, 엄마의 칭찬이나 관심 등 사회적인 보상이 중요한 아이가 있는가 하면, 성취감이나 물질적인 보상에 민감한 아이가 있습니다. 아이의 행동을 유심히 살펴보고 옆에서 칭찬과 격려를 해주거나, 또는 목표를 이루면 간식이나 장난감 등을 보상으로 주는 등 아이 기질에 맞춘 개입이 필요합니다.

이 세 가지 기질 차원은 모두 높거나 모두 낮을 수도 있고, 자극 추구 기질만 높거나 위험 회피 기질만 높을 수도 있습니다. 아이의 기질을 잘 관찰하여 이해하고 수용하는 환경을 만들어주세요. 그래야 건강한 성격 발달을 이룰 수 있고, 성격은 타고난 기질을 잘 조절할 수 있게 됩니다.

아이의 발달을 저해하는 스마트폰 시청, 중재 방법은?

스마트폰과 동영상 시청이 아이에게 좋지 않다는 것은 많은 양육자가 알고 있습니다. 그런데 막연하게 알고 있을 뿐, 아이에게 어떻게 중재해야 하는지 잘 모릅니다. 중재 방법은 간단합니다. 바로 놀이입니다.

게임과 동영상 시청은 몸을 움직이지 않고 정적인 자세에서 과도한 시각 감각만을 뇌에 입력시킵니다. 아이들은 놀이를 통해 몸을 움직이면서 다양한 감각을 경험하며 골고루 발달하는데 시각 자극만 입력받은 아이는 감각의 불균형으로 뇌 발달에 문제가 일어날 수 있습니다.

뿐만 아니라 아이가 스마트폰의 자극적인 재미에 노출되면서 양육자와의 상호작용과 애착, 몸 운동, 책 읽기 등에 흥미가 줄어듭니다. 이런 상황은 결국 전두엽의 발달을 방해하여 자기 조절 능력, 집중력, 작업기억력 등에 부정적인 영향을 미치게 되고 안타깝게도 이 능력과 밀접하게 연결된 학습 기능까지 떨어뜨립니다.

그래서 미국 소아과학회에서는 24개월 미만의 아이에게 미디어를 차단할 것을 강하게 권고하고, 2014년 호주와 캐나다에서는 12세 이전 아이에게는 스마트 기기 제공을 금지할 것을 권고하는 캠페인을 시작했습니다. 물론 디지털 기기에도 순기능이 존재합니다. 하지만 24개월 이전에는 미디어를 제한하는 것을 권합니다. 이미 스마트폰을 접하고 있다고 해도 더 늦기 전에 다양한 감각을 느낄 수 있는 놀이를 하게 해줘야 합니다. 실제로 심리학자나 소아정신과 지침서에 스마트폰 사용과 관련하여 아이들의 '균형 있게 스마트폰 사용하기' 노하우가 적혀 있을 정도입니다.

이제라도 발달기에 있는 아이에게 양육자와의 놀이가 스마트폰보다 더 재미있다는 것을 알게 해주면 됩니다. 그 과정에서 여기 소개된 단순한 몸 놀이부터 다양한 감각을 경험하게 해주는 놀이들이 아이들의 잠재된 감각과 새로운 감각을 동시에 깨워줄 것입니다.

PART
3

25~36개월

성장 발달 놀이

25~36개월에는 이런 걸 할 수 있어요

감각통합 신체 발달

- 구슬 끼우기를 할 수 있습니다. (28개월)
- 발끝으로 걷거나 선을 따라 3m 정도 걸어갑니다. (30개월)
- 종이를 잡아주면 가위로 싹둑싹둑 자릅니다. (31개월)
- 혼자서 세발자전거 페달을 돌려 2m 정도 갑니다. (31개월)
- 두 발로 45cm 정도 점프합니다. (33개월)
- 장애물과 모퉁이를 돌면서 뜁니다. (33개월)
- 물건 뚜껑을 돌려서 열기도 합니다. (35개월)
- 혼자서 발을 교대로 사용하며 계단을 오르고 내립니다. (36개월)

심리 정서와 사회성

- 좋고 싫음이 분명해지고 고집과 떼쓰기가 늘어납니다.
- 도움을 받지 않고 혼자서 하려고 합니다. (예 혼자 과자봉지 뜯기)
- 스스로 하는 일이 늘어납니다. (예 신발 벗기, 양말 벗기)
- 또래와 서로 같은 장난감을 가지고 각자 놀이를 합니다. (30개월 이후)
- 인형이 말하는 것처럼 행동하는 놀이를 합니다.

언어 언어 발달

수용언어

- 500~900개 이상의 수용어휘를 습득합니다.
- 대부분의 의문사를 이해합니다.
- 간단한 질문을 이해하고 수행합니다.
- 사물의 기능을 이해합니다.
- 크기, 위치, 양적인 개념을 이해하기 시작합니다.
- '이따가', '나중에', '오늘' 등 시간 개념을 이해합니다.

표현언어

- 50~250개 이상의 표현어휘를 습득합니다.
- 다양한 의문사를 사용하고 질문합니다.
- '나, 너'와 같은 대명사로 자신을 표현합니다.
- '싫어, 없어, 아니야'와 같은 부정어를 사용합니다.
- 일상생활에서 자신이 경험한 것을 말합니다.
- 노래와 율동을 합니다.
- 3~4개의 단어를 붙여서 문장으로 표현합니다.

다양한 질문을 해요

★ ★

 이 놀이를 추천하는 이유

❶ 요리사 놀이

• 재료와 도구 조작을 통해 소근육 발달을 도와줍니다.

• 요리 과정을 이해하고 순서를 기억하는 등 인지 발달을 도와줍니다.

• 식재료에 대한 거부감을 줄이고 친숙함을 전해줍니다.

• 크기, 모양, 색에 대한 개념을 배웁니다.

❷ 대화하며 책 읽기 놀이

• 책을 통해 직접 경험해보지 못한 상황과 정보를 접하면서 언어 이해력이
확장됩니다.

• 경청하기, 주제에 맞춰 이야기하기, 상대방에게 반응하기 등 대화에 필요한
태도를 배웁니다.

• 유아어(까까, 빵빵, 멍멍)나 대명사(이거, 저거)만 사용하던 대화법에서 벗어나
정확한 표현력과 언어 규칙을 배웁니다.

언어 발달을 위해 이렇게 놀아주세요

생각하는 힘을 키울 수 있도록 많은 대화를 나누고 다양한 질문을 해주세요

아이는 보고 듣는 다양한 경험이 쌓이면서 언어가 발달합니다. 이 시기는 "이거 뭐야?"(24개월), "왜? 어떻게 해?"(36개월)라는 질문을 이해할 수 있습니다. 양육자가 아이에게 얘기해주는 것들이 세상을 배워나가는 배경지식으로 쌓여서 생각을 다양하게 표현하고 말의 길이도 늘어날 수 있습니다. 아이가 생각을 키울 수 있도록 많은 대화를 나눠보세요.

일상생활과 관련된 주제가 있는 동화책을 자주 읽어주세요

아이에게 동화책을 자주 읽어주세요. 동화책은 아이의 언어 수준, 개월 수에 맞게 선택하는데 특히 이 시기에는 일상생활과 관련된 주제가 있는 것으로 추천합니다. 이 시기에는 반대말(많다, 적다)과 형용사(예쁘다), 부사(빨리, 늦게)를 이해할 수 있고 언어와 관련된 수, 크기, 양, 위치, 색, 모양 등에 대한 언어 인지 개념이 점차 발달합니다.

 ## 감각과 신체 발달을 위해 이렇게 놀아주세요

언어 개념을 익힐 수 있는 다양한 감각 경험을 시켜주세요

아이가 높은 곳에 올라가서 위치의 변화를 느껴보고 물건을 들어서 크기와 무게에 대해 느껴보면서 언어와 관련된 개념들을 익힐 수 있게 도와주세요. 언어 인지 발달을 위해서는 신체 활동이 꼭 필요합니다. 이처럼 감각과 움직임을 통해 탐색하면 언어의 개념을 수월하게 익히고 배울 수 있습니다.

요리사 놀이

카나페 만들기

★ **놀이 분야**   언어

★ **준비물**   크래커(동그라미, 네모 모양), 치즈, 크레미, 오이, 방울토마토, 블루베리, 잼, 모양틀, 빵칼, 도마, 접시

★ **사전 준비**   • 아이가 사용할 수 있는 안전한 빵칼과 깨지지 않는 접시 등 안전한 도구를 준비합니다.
  • 아이 의자나 식탁에 앉아서 집중할 수 있는 분위기를 만들어줍니다.

(요리 재료 선택하기)

아이와 요리 재료를 탐색하며 특징(색, 모양)에 대해 이야기를 나눕니다.

아이에게 요리 재료를 선택하게 합니다.

"동그란 과자야. 네모 모양 과자도 있네."

"블루베리는 보라색이야. 빨강 토마토도 있네."

"치즈에 어떤 모양을 찍고 싶어?"

"과자 위에 블루베리를 올릴까? 토마토를 올릴까?"

동작어(동사) 표현하기

요리 활동을 하면서 다양한 동작어를 표현해줍니다.

"토마토 반으로 싹둑 잘라."

"과자 위에 잼을 쓰윽~ 발라보자."

"치즈 위에 별모양을 꾹~ 찍어보자."

크기와 위치 표현하기

요리 활동을 하며 크기나 위치 등(형용사, 부사)을
표현해줍니다.

"과자 위에 치즈를 올려보자."

"과자 위에 치즈가 많이 쌓였네."

"아빠는 큰 치즈를 올려야지."

요리 과정 생각하기

요리 활동을 미친 후 요리에 사용한 재료나 과정을 다시 생각하며 순서를 기억해봅니다.

"우리 제일 먼저 어떻게 했지?"

"과자를 놓고 그 위에 잼을 발랐지."

"그 다음은 치즈를 올리고."

"그 위에 토마토를 쏘옥~ 올려줬네."

전문가 TIP

언어 선생님 이 시기의 아이는 긴 문장에 대해 이해하거나 2~3가지 지시를 듣고 수행할 수 있습니다. 하지만 특징에 대해 알려주거나 새로운 어휘 자극을 줄 때는 목표 단어만 정확히 표현해주는 것이 좋습니다.

감각통합 선생님 오감을 사용하는 요리 활동은 편식이 있는 아이에게 즐겁고 다양한 감각 경험을 제공합니다.

심리 선생님 이 시기의 아이는 의사 표현이 확실해지고 자기주장이 강해집니다. 양육자와 함께하는 놀이를 할 때 아이에게 선택권을 주거나 스스로 무언가를 결정하게 해준다면 아이의 자아존중감이 향상됩니다.

놀이 확장하기

❶ 요리 활동을 한 후 맛에 대한 표현이나 놀이 과정에서 느낀 기분(감정)에 대해 이야기해봅니다.

❷ 아이의 언어 수준이 높다면 "빨강 토마토랑 길쭉한 오이 잘라보자", "과자 위에 잼 바르고 치즈 올려줘"처럼 어휘를 복합적으로 사용하고 긴 문장 속에서 여러 가지 지시사항을 기억해서 수행하는 활동으로 언어 이해력을 더욱 높일 수 있습니다.

❸ 요리한 것들을 먹으면서 "엄마는 블루베리를 올려서 새콤달콤한데 민서는 딸기잼을 발라서 달콤하지", "엄마는 크게 만들었는데 민서는 작게 만들었네" 하고 비교 개념을 말해줍니다

 ## 놀이 도와주기

언어표현이 적을 때
주로 이름(명사)이나 행동(동사)으로 말해주고 '과자(까까)', '치즈', '오이'나 '잘라', '올려'와 같이 한 낱말 위주로 언어 자극을 줍니다.

표현하는 말의 길이가 짧을 때
아이가 표현하는 말에 한 낱말 정도를 덧붙여 표현하게 합니다. 예를 들어 아이가 '까까'라고 표현하면 '까까 올려'라고 확장해줍니다.

언어 이해력에 어려움을 보일 때
여러 가지 지시사항을 한꺼번에 말하지 말고 '잼 발라', '치즈 올려'와 같이 한 번에 한 가지씩 수행할 수 있게 지시합니다.

대화하며 책 읽기 놀이

★ **놀이 분야** 언어

★ **준비물** 생활습관 동화책(아이의 관심사에 따라 책 선택)

★ **사전 준비** • 아이가 좋아하는 내용의 책을 먼저 고릅니다.

• 장난감이 많은 공간보다는 차분히 책을 볼 수 있는 장소에서 진행합니다.

책 읽어주고 회상하기

아이에게 처음부터 끝까지 책을 읽어줍니다.

"엄마랑 같이 책 볼까? 엄마가 책을 읽어줄게. 잘 들어봐."

책을 읽고 나서 처음부터 끝까지 그림만 다시 보여줍니다.

"엄마가 그림만 다시 보여줄게."

그림을 다시 보면서 내용을 회상할 시간을 줍니다.

책 내용 질문하기

기본적인 의문사로 책의 내용에 대해 질문합니다.
"이 책에 누가 나왔지?", "친구가 뭐했지?"
"친구가 어디 갔더라?", "친구가 왜 그랬을까?"

책 내용 표현하기

아이가 말한 대답으로 문장의 길이를 늘여주거나
생각을 확장시켜주면서 언어의 규칙(문법)을 알려
줍니다.

아이 : "친구 놀았어."

엄마 : "친구가 놀았어~", "친구가 어디서 놀았지?"

아이 : "놀이터."

엄마 : "그래, 친구가 놀이터에서 뭐했더라?"

아이 : "친구가 넘어졌어."

엄마 : "맞아, 친구가 그네 타다가 넘어졌지. 친구가
　　　 아팠겠다.", "민서도 놀이터에서 그네 타다가
　　　 다친 적 있지?", "그때 민서는 어땠어?"

전문가 TIP

언어 선생님 ◦ 아이의 발달 과정에 맞춰 의문사를 이해하도록 도와줍니다. 가장 먼저 '무엇', '누구', '어니'에 대해 이해힙니다. '왜', '어떻게', '언제'는 나중에 발달합니다.

◦ 대화하며 책 읽기 놀이할 때 아이가 보이는 반응에 따라 책 읽기를 진행해보세요. 아이의 표정이나 몸짓을 보면서 관심을 두고 보는 것들에 대해 먼저 이야기하며 대화를 나눠봅니다.

심리 선생님 아이가 책장을 넘기고 싶어 한다면 스스로 할 수 있게 하여 자율성을 키워줍니다.

놀이 확장하기

❶ 일상에서 일어날 수 있는 상황(할머니 만나기, 마트 가기, 놀이터에서 놀기 등)을 의문사로 묻고 대답하면서 언어 이해력을 높여줍니다.

❷ 아이가 좋아하는 책이 정해져 있고 반복해서 보는 것을 좋아한다면 그 책을 가지고 내용을 이해하기, 질문에 답하기, 다시 내용 전달하기 등 다양한 방법으로 접근해 생각을 확장해줍니다.

놀이 도와주기

언어 수준이 또래보다 늦을 때

- '무엇' → '누구'에 대한 의문사 순으로 한 가지 의문사를 반복하면서 언어 자극을 줍니다.
- 책을 선정할 때 이야기가 중심인 것보다 기본적인 일상생활에 관한 것이나 행동이나 상황이 반복되는 것, 내용이 복잡하지 않은 것으로 선택하여 들려줍니다.

책 내용에 대해 이해하기 어려워할 때

- 책을 한 번 읽어준 후 장면별 그림을 간단히 이야기(간단히 그림의 상황 묘사)해줍니다.
- 한 가지 책을 여러 번 반복해서 읽어주면서 어휘나 상황에 대한 이해를 도와줍니다.
- 양육자의 반응, 표정, 신체접촉 등을 통해 상황적 단서를 제공합니다.

잠깐, 쉬어가기

한 가지 책만 너무 반복해서 읽는다면

처음 책을 선택할 때 아이가 흥미와 관심에 따라 자연스럽게 고를 수 있게 도와줍니다. 같은 책을 여러 번 반복해서 읽어도 괜찮습니다. 하지만 독서 편식이 심하다면 아이가 관심 있는 주제의 다른 책으로 바꿔주거나 양육자와 아이가 번갈아 가며 좋아하는 책을 한 권씩 볼 수 있도록 규칙을 만들어보는 것도 도움이 됩니다.

어린이집 일을 말해요

★ ★

 이 놀이를 추천하는 이유

③ 달력 만들기 놀이

- '오늘'을 기준으로 '어제, 내일'을 이해하고 '방금, 이따가, 나중에'와 같은 시간을 나타내는 단어도 이해하는 등 기본적인 시간 단어를 이해합니다.
- '오늘, 어제, 내일'을 이야기할 때 '~갔었어, 갈 거야, 가고 있어'와 같은 과거, 현재, 미래 시제를 이해합니다.

④ 엄마랑 대화하기 놀이

- 자신이 경험한 일이나 상황을 기억해서 말하는 언어 능력이 발달하고 생각하는 힘이 길러집니다.

언어 발달을 위해 이렇게 놀아주세요

하루 동안 있었던 일에 관해 대화를 나눠보세요

이 시기의 아이는 하루 중 있었던 일(예 보육 기관)에 관해 질문하면 회상하고 경험한 것을 전달할 수 있습니다. 자주 반복되는 장소나 상황을 주제로 이야기하면 아이가 한 일에 대해 쉽게 떠올릴 수 있습니다. 또 말의 길이도 점차 늘어납니다. 24개월 전후로는 단어만 연결하여(예 "엄마 가", "까까 먹어" 등) 표현하지만, 점차 문법에 맞게 표현하기(예 "엄마랑 가", "과자 먹었어" 등) 시작합니다. 하루 한 번이라도 아이와 경험한 일을 이야기하는 시간을 가져서 언어 능력이 높아질 수 있도록 도와줍니다.

'언제'와 '때'를 나타내는 말을 자연스럽게 자주 들려주세요

아이가 일상생활에서 자연스럽게 '언제'와 관련된 '때'를 나타내는 말을 듣고 이해하고 습득할 수 있도록 도와주세요. 이 시기의 아이는 추상적인 사고 능력이 발달하면서 시간 개념을 나타내는 말을 이해하기 시작합니다.

달력 만들기 놀이

★ **놀이 분야** 언어

★ **준비물** 아이 스케줄 사진, 스케치북, 스티커

★ **사전 준비**
- 아이가 일주일 동안 반복적으로 자주 가는 장소 사진(활동 사진)을 준비합니다.
  (예 집, 어린이집, 문화센터, 놀이터, 마트 등)
- 주간 달력을 활용하는 것도 좋습니다. 스케치북에 일주일 칸을 미리 만들어 둡니다.

'오늘' 시간 이해하기

'오늘' 가는 장소의 사진을 붙이면서 '오늘'을 말해 줍니다.
"오늘은 민서가 어린이집 가는 날이네. 오늘 어린이집에 가자."

'어제' 시간 이해하기

오늘 사진을 붙이고 난 후 '어제'에 대해 말하고, 어제 간 장소 사진을 붙여줍니다.
"어제는 뭐했더라? 어제 어디 갔는지 엄마랑 붙여볼까?"
"어제는 놀이터에 갔었네."
(놀이터 사진을 붙이고 난 후) "놀이터에서는 뭘 하고 놀았지?"

'내일' 시간 이해하기

잠자기 전 내일 어린이집에서 할 일이나 일정(장소)을 말해줍니다. 아이가 좋아하는 활동을 위주로 설명해주면 흥미를 느끼고 기억에 도움이 됩니다.
"민서가 잠자고 일어나면 내일은 어린이집에 갈 거야. 내일 체육 놀이를 한대."
"코 자고 일어나서 내일은 어린이집 가자. 내일 체육 선생님 만나자."

언어 선생님 아이가 일주일 동안 반복해서 다니는 기관 또는 장소를 하나 정해 놓고 매일 '오늘'에 대해 알려주면 좋습니다. 오늘을 기준으로 '어제, 내일'에 대한 언어 자극을 줍니다. 반복되는 일상을 활용하면 시간의 흐름을 이해시키는 데 도움이 됩니다.

 놀이 확장하기

❶ 매일 달력에 스티커를 붙이며 '오늘'을 말해주세요. 스티커를 붙이고 요일이나 숫자도 말해주면서 시간 관련된 언어 개념을 다양하게 확장해줍니다.

❷ 아이가 과거의 경험을 말할 때 과거시제(먹었어, 갔어 등)나 시간 개념을 나타내는 말 '아까, 어제'와 같은 언어 자극을 주어 확장해줍니다.

❸ 내일 있을 활동에 대해 얘기할 때 미래시제(~할 거야, 갈 거야 등)나 '나중에, 내일'과 같은 언어 자극을 주어 확장해줍니다.

 놀이 도와주기

시제의 뜻을 이해하기 어려워할 때

어제, 오늘, 내일과 같은 추상적인 개념 어휘보다 '때'에 대해 말해줍니다. 예를 들어 '이 닦고 나서', '밥 먹고 나서', '낮잠 자고 나서'와 같이 활동과 관련된 시간 표현으로 이해를 도와줍니다.

엄마랑 대화하기 놀이

★ **놀이 분야** 언어

★ **준비물** 어린이집 활동 사진

★ **사전 준비** • 아이 교육기관 활동 사진 또는 식단 사진을 준비합니다.

• 교육기관 알림장을 활용해도 좋습니다.

• 카메라 모양을 만들어 아이의 흥미를 높입니다.

• 활동 사진을 띠지로 만들어 준비합니다.

그날 일 질문하기

아이가 어린이집에서 하원하면 그날 있었던 경험에
대해 이야기를 나눕니다.
"민서야, 오늘 어린이집에서 뭐했어?"

활동시간 질문하기

아이가 어린이집에서 한 일에 대해 회상하는 걸 어려워한다면 질문을 구체적으로 합니다.
"민서야, 자유놀이 시간에 뭐하고 놀았어?"
"민서야, 점심시간에 뭐 먹었어?", "민서는 친구 정우랑 뭐하고 놀았어?"

대화 확장하기

어린이집 활동 사진을 보면서 다양한 질문으로 언어 자극을 줍니다. (카메라 모양에 사진 띠지를 끼우고, 구멍을 통해 활동 모습이 보이게 놓아둡니다.)
"체육놀이 시간에 크롱 선생님 오셨네. 크롱 선생님이랑 뭐하고 놀았어?"
"터널 통과하기 놀이를 했구나. 터널 안에 들어갔을 때 무서웠어? 재미있었어?"

언어 확장하기

아이와 대화할 때 아이의 표현을 엄마가 확장해서 언어 규칙을 완성해줍니다.
엄마 : "민서는 오늘 점심 뭐 먹었어?"
아이 : "사과, 고기 먹어."
엄마 : "사과랑 고기 먹었구나."
아이 : "당근 아니야."
엄마 : "민서가 당근을 안 먹었구나."

언어 선생님 어떤 아이는 간단하게, 또 어떤 아이는 구체적으로 말합니다. 아이마다 언어 능력이 다르므로 양육자가 질문하는 내용이나 방법은 아이의 수준에 맞춥니다. 기관을 다니지 않는다면 놀러 갔던 경험을 가지고 이야기를 나눕니다.

심리 선생님 아이와 양육자가 함께 경험하고 이야기하면서 감정을 나누고 공감해주는 활동은 아이가 자기의 감정을 인식하고 수용 받는 경험을 갖도록 해줍니다.

🔵 놀이 확장하기

❶ 월요일에 등원할 때 선생님에게 간단히 전달할 수 있도록 일요일 저녁에 아이와 주말에 있었던 일을 얘기해봅니다.

❷ 양육자의 지난 일과를 아이에게 말해줍니다. 아이와 떨어져 있는 시간에 양육자가 무엇을 했는지 아이와 공유한다면 대화의 주제와 내용도 풍성해지고 정서적 안정감도 줄 수 있습니다. (181쪽, '오늘의 기분 표현하기' 추천)

🦆 놀이 도와주기

질문에 답하는 것을 어려워할 때

- 질문에 대한 대답을 맞출 수 있도록 단서(스티커나 체크, 양육자가 손가락으로 가리키기 등)를 제공합니다.
- 반복적인 일과나 경험은 다음을 예측할 수 있습니다. 새로운 것보다 일상에서 반복되는 것에 관해 질문합니다.

아이가 책 읽기를 좋아하게 만드는 방법 4가지

책을 읽어주고 친숙해지는 기회를 많이 제공하면 아이는 책을 재미있는 놀잇감으로 인식합니다. 양육자와 책을 함께 읽으면 자연스럽게 양육자의 부드럽고 따뜻한 목소리, 눈빛과 미소 등도 경험하게 됩니다.

이처럼 책 읽기는 아이와 양육자와의 정서적 교감을 나누면서 안정감과 편안함을 느끼게 합니다. 무엇보다 언어 발달에도 큰 도움을 줍니다. 어휘나 여러 개념을 비롯해 양육자의 운율(리듬), 이야기의 구조, 소리(발음) 등을 배울 수 있어서 아이의 문해력 발달에 기초를 만들어줍니다. 또한, 아이의 생각 주머니를 크게 만들어줍니다. 책에 나온 이야기나 주인공의 마음을 자기 경험과 연결하여 생각해볼 수 있도록 도와주면 더욱 좋습니다.

다음은 아이가 책 읽기를 좋아하게 만드는 방법 4가지입니다.

- 첫째, 책을 읽고 난 후 지나친 질문은 피합니다. 과도한 질문은 아이에게 책에 대한 흥미를 떨어트릴 수 있습니다.
- 둘째, 아이의 흥미와 수준에 맞는 책으로 읽어줍니다. 아이가 책에 관심을 보이지 않는다면 내용이 아이의 수준에 맞는지, 글이 많은 것은 아닌지, 아이가 관심 있어 하는 주제인지 살펴보고 아이의 수준에 맞는 책으로 다시 골라줍니다.
- 셋째, 책에 흥미가 없다면 책을 이용한 놀이를 해봅니다. 책을 세워 탑을 쌓거나 책으로 집 만들기 놀이 등으로 책에 대한 거부감을 줄이고 흥미를 높여줍니다.
- 넷째, 책을 읽어줄 때 재미있게 읽어줍니다. 양육자의 목소리, 표정, 캐릭터의 말투 등 글을 읽는 것 이외에 분위기나 소리, 생동감 있는 느낌을 살려서 이야기에 관한 관심을 높여줍니다.

이 외에도 책 읽는 시간을 규칙적(잠자기 전)으로 만들거나 도서관이나 서점에 가서 아이가 좋아하는 책을 고를 기회를 만들어 줍니다. 아이의 흥미와 관심을 고려하여 다양한 방법으로 책과 친숙해질 수 있도록 도와줍니다.

자기주장이 강해져요

★ ★

 이 놀이를 추천하는 이유

⑤ 몸 만들기 놀이

- 신체를 따라 그리고 만들어보면서 자신과 타인의 경계를 알고 신체 자아를 인식합니다.
- 만들고 그려보는 활동은 성취감을 높이고 자율성을 발휘하는 기회를 제공합니다.

⑥ 내 것 만들기 놀이

- 자신의 기호를 표현하고 존중받는 경험은 자존감을 높여줍니다.
- 양육자와의 유대감이 증진됩니다.
- 만들고 그려보는 활동은 성취감을 높이고 자율성을 발휘하는 기회를 제공합니다.
- 자아 형성을 도와줍니다.

정서와 사회성 발달을 위해 이렇게 놀아주세요

아이 스스로 해보는 기회를 다양하게 제공해주세요

이 시기의 아이는 뭐든지 스스로 해보려고 합니다. 신체 발달과 인지 발달이 이루어지면서 할 수 있는 것이 많아집니다. 이 과정은 무척 중요합니다. 자기가 어떤 것을 할 수 있고 어떤 것을 할 수 없는지 스스로 발견할 수 있는 경험을 주기 때문입니다. 아이가 스스로 해볼 수 있도록 다양한 기회를 충분히 제공해주세요.

아이의 의견과 선택을 존중해주세요

좋아하는 것과 싫어하는 것이 명확해지고 떼쓰거나 고집부리기가 늘어납니다. 이런 행동은 성장 발달에서 자율성을 획득하기 위한 자연스러운 과정입니다. 위험한 행동에 제한하는 것은 필요하지만 아이 의견과 선택을 존중해주는 노력도 필요합니다.

감각과 신체 발달을 위해 이렇게 놀아주세요

자조 기술 능력을 키울 수 있게 최소한의 도움만 주세요

이 시기의 아이는 숟가락으로 음식 먹기, 신발 벗기, 바지 내리기 등을 스스로 할 수 있습니다. 이때 아이가 스스로 하는 힘을 기를 수 있도록 최소한의 도움만 줍니다.

 ## 언어 발달을 위해 이렇게 놀아주세요

자기 의사를 표현할 수 있도록 선택형으로 질문해주세요

이 시기의 아이는 자기주장과 자율성이 발달하면서 긍정어보다 부정어를 더 많이 사용해서 자기 의사를 표현합니다. 따라서 아이가 내뱉는 "아니, 싫어"와 같은 표현을 부정적으로 받아들이지 말고 오히려 이 기회에 아이가 자기 욕구를 이해하고 의사를 정할 수 있도록 선택형 질문을 합니다. 예를 들어 아침 등원 시간에 옷을 가지고 실랑이가 벌어지는 상황이라면 "바지 입자"라고 말하기보다는 "바지 입을까? 치마 입을까?"라는 선택지를 주어 아이가 자기 의사를 선택하거나 말로 표현할 수 있게 도와줍니다.

몸 만들기 놀이

★ **놀이 분야** 정서와 사회성

★ **준비물** 전지, 꾸미기 도구(물감, 사인펜, 스티커 등), 밀가루 반죽, 블록, 손전등

★ **사전 준비** 바닥이나 주변 가구에 펜이 묻지 않게 종이나 신문지를 깔아둡니다.

내 몸 따라 그리기

아이의 손과 발을 종이에 올려두거나 전지 위에 누워서 '나만의 포즈'를 취해보도록 합니다. 엄마는 펜으로 아이의 몸을 따라 그려줍니다.

"정우가 만세를 하고 있구나."

또는, 전지를 벽에 붙인 후 불을 끄고 손전등을 비춰서 나타나는 아이의 그림자를 따라 그립니다.

"정우가 슈퍼맨이 됐네."

그림을 확인하고 아이가 고른 색으로 옷이나 눈, 코, 입 등을 그리고 꾸며줍니다.

내 몸 조각하기

밀가루 반죽을 준비합니다. 반죽에 아이의 손바닥, 발바닥을 찍어서 모양을 확인합니다. 또는 손이나 발을 반죽으로 감싸서 입체적인 모양으로 본을 뜹니다. 본을 뜬 반죽으로 잘 말려서 아이가 좋아하는 색깔 물감으로 색을 칠하거나 이름을 적어줍니다.

"정우가 주먹을 쥐고 있었구나."

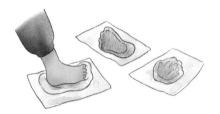

내 몸의 길이 재보기

블록을 이용해 아이의 키, 팔 길이, 다리 길이 등을 측정해봅니다.

"정우의 키가 블록 10개만큼 크다."

"정우의 팔은 블록 5개만큼 길구나."

언어 선생님 자기를 인지하고 탐색하는 활동은 신체 부위의 다양한 명칭을 이해하고 말로 표현하도록 도와줍니다.

 감각 통합 선생님 신체를 인지하는 능력은 익숙하지 않은 활동을 수행하고 계획하는 데 도움을 줍니다.

 심리 선생님
- 아이가 수행이 서툴러도 스스로 해보겠다고 한다면 기다려줍니다. 아이에게 "도움이 필요하면 같이 해볼 수 있어"라고 지지해줘도 좋습니다.
- 내 몸 따라 그리기 놀이할 때 "민서의 포즈", "정우가 좋아하는 색깔" 등과 같이 표현하여 아이가 주체가 되도록 도와줍니다.

 ## 놀이 확장하기

❶ 작품 전시하기

- 나뭇잎처럼 꾸미듯이 손바닥, 발바닥 그림을 오려서 장식합니다.
- 신체 그림이나 밀가루 반죽 작품을 벽에 걸어 전시해봅니다.
- 직접 참여한 작품을 전시해주면 아이의 자존감이 향상됩니다.

❷ 내 얼굴 그리기

- 아이의 얼굴이 나온 사진 위에 투명 OHP 필름을 덮고 테이프로 고정합니다. 유성펜으로 자기 얼굴을 따라 그리거나 스티커를 붙여 꾸밉니다.
- 거울지를 준비하여 거울에 비치는 자신의 모습을 따라 그리도록 합니다.
- 사진을 반으로 나누어 제시하고 남은 반쪽을 따라 그리도록 합니다.

놀이 도와주기

자기 지각이 어려울 때

- 자기 인식 놀이를 충분히 합니다. 거울을 활용한 놀이나 아이 사진을 보면서 자신을 인지하도록 도와줍니다.
- 놀이할 때 아이의 능동적인 참여가 어려울 수 있습니다. '내 몸 따라 그리기' 놀이의 경우 양육자와 아이가 함께 펜을 잡고 그림자를 따라 그리도록 도와줍니다. 또는 그림자에 스티커를 떼서 붙이게 하거나 펜을 잡고 끄적이는 등 아이가 할 수 있는 간단한 동작만 참여하도록 합니다.

신체 지각이 어려울 때

신체 인식을 위한 놀이를 충분히 합니다. 아이의 발달 수준에 맞는 다양한 움직임(점프하기, 뛰기 등)과 촉각 활동을 충분히 경험하도록 도와줍니다.

소근육 발달이 느릴 때

아이와 함께 펜을 잡고 그려보거나 스티커를 살짝 떼어주는 등의 방식으로 도와줍니다. 또는 양육자가 그림을 다 그린 후 머리카락만 색칠하게 하거나 눈만 그려보게 하는 등 마지막 단계를 아이 스스로 하도록 해주어서 성취감을 느끼도록 도와줍니다.

내 것 만들기 놀이

★ **놀이 분야**   정서와 사회성

★ **준비물**   종이, 아이가 선호하는 주제의 그림 또는 사진, 아이 사진, 가위, 풀, 스테이플러
                (또는 펀치), 일회용 접시, 리본이나 끈

★ **사전 준비**   • 아이가 선호하는 주제를 미리 파악합니다.

                  • 아이가 선호하는 주제의 그림 또는 사진을 미리 인쇄하고 오려둡니다.

좋아하는 것 탐색하기

아이가 선호하는 음식, 장난감, 동물, 캐릭터 등을
탐색합니다.

"민서는 소방차를 좋아하지."

"민서는 토끼를 좋아해."

아이가 좋아하는 그림이나 사진을 인쇄합니다. 아이와 함께 가위로 오리고 종이에 붙이도록 도와줍니다. 이때 스티커를 활용하거나 아이가 직접 색칠한 것도 좋습니다. 종이를 모아서 스테이플러나 펀치 등을 활용해 예쁘게 묶어주고 표지에 이름을 쓰거나 아이 사진을 붙여 책을 만들어줍니다.

"민서가 좋아하는 딸기를 색칠해보자."

일회용 접시 2개를 각각 1/3 정도 자릅니다. 자른 접시 2개를 서로 맞붙이고 접착된 부분에 구멍을 내어 끈이나 리본으로 꿰매듯이 연결해서 작은 가방으로 만듭니다. 아이가 직접 만든 책이나 좋아하는 작은 장난감 등을 가방에 담아보게 합니다. 가방 겉에는 아이의 사진을 붙이고 이름을 적어줍니다.

"정우가 좋아하는 것들을 담아보자."

"민서가 만든 책이다. 민서가 좋아하는 것이 다 들어있네."

175

심리 선생님 만들기 놀이할 때 어려움을 보인다면 양육자가 도움을 주는 것도 좋지만 가능하면 아이가 할 수 있는 부분(테이프를 붙이거나 떼기 등)은 스스로 할 수 있도록 지지해주어서 성취감과 자신감을 느끼게 해줍니다.

놀이 확장하기

❶ 감정해소 상자

아이가 좋아하는 놀잇감이나 놀이 장면을 사진으로 찍어 상자에 담아둡니다. 아이의 감정이 상했을 때 상자를 함께 열어서 놀이를 선택하게 합니다. 선택한 놀이를 하면서 기분을 전환해줍니다.

❷ 나만의 마을 꾸미기

* 아이와 함께 도로와 건물을 설계합니다. 바닥에 마스킹 테이프를 붙여서 도로를 만들고 장난감, 빈 우유갑, 종이 쇼핑백 등을 활용해 건물을 만듭니다. 이때 아이가 마음대로 꾸미도록 합니다.

* 아이와 함께 마을을 설계합니다. 모래놀이처럼 큰 쟁반에 밀가루나 쓰지 않는 천 또는 옷을 오려서 깔아줍니다. 그 위에서 다양한 촉감을 느끼며 산이나 바다를 표현해보게 하고 장난감이나 모형을 활용해 마을을 꾸며줍니다.

이때 아이가 마음대로 꾸미도록 하여 상상력을 증진합니다.

놀이 도와주기

장난감에 대한 선호도가 딱히 없거나 흥미 유지가 짧을 때

• 장난감이 너무 많아서일 수 있습니다. 한꺼번에 많은 장난감을 꺼내놓은 것은 아닌지 점검합니다. 갖고 노는 장난감 몇 개만 꺼내놓고 나머지는 보이지 않은 곳에 치워둡니다. 아이가 장난감에 흥미를 잃으면 다른 장난감으로 교체하는 방식으로 탐색 시간을 늘려갑니다.

• 아이가 금방 다른 장난감을 요구하면 "이걸로 한번 놀고 다른 걸로 놀자" 하며 놀이 유지 시간을 늘려줍니다. 5분, 10분 등 미리 시간을 약속하고 타이머를 맞춰두는 것도 좋습니다. 대신 놀이 중에는 최대한 흥미를 느끼도록 다양한 방법으로 재밌게 놀아줍니다.

선호하는 주제가 지나치게 협소하거나 하나에 너무 집착할 때

• 감각적 예민함이 높아서 새로운 자극을 받아들이기 어려운 경우일 수 있습니다. 양육자가 먼저 재미있게 노는 모습을 보여주거나 "버튼 한 번만 눌러볼까?" 하며 간단한 조작만 하도록 하는 등 점진적으로 새로운 자극을 경험하도록 도와줍니다.

• 장난감을 제대로 갖고 놀지 않고 일부분에만 집착하여 확장이 안 된다면 양육자가 놀잇감 활용 방법을 보여줍니다. 또는 아이의 손을 잡고 함께 수행하면서 확장하도록 도와줍니다.

감정을 표현해요

★ ★ ★ ★ ★ ★ ★ ★ ★ ★ ★ ★ ★ ★ ★ ★ ★ ★ ★ ★

 이 놀이를 추천하는 이유

❼ 마음 알기 놀이

- 감정을 공감받은 경험은 자존감을 높여줍니다.
- 자기 정서를 인식하고 타인의 마음을 이해하는 힘이 길러집니다.
- 양육자와의 유대감이 돈독해집니다.
- 다양한 표정을 파악하는 상황 판단 능력이 발달합니다.
- 다양한 감정 단어를 인식합니다.
- 상황에 따른 자기 감정을 인식합니다.

❽ 마음 표현하기 놀이

- 감정을 표현하고 수용 받은 경험은 자존감을 높여줍니다.
- 불편한 감정이 나쁜 감정이 아니라는 것을 배웁니다.
- 심리적으로 불편한 감정을 해소합니다.
- 양육자와의 유대감이 증진됩니다.

정서와 사회성 발달을 위해 이렇게 놀아주세요

내 마음을 알고 표현하도록 도와주세요

이 시기의 아이는 감정이 수시로 바뀌기도 하고 격렬하게 표현하기도 합니다. 자칫 아이도 양육자도 혼란스럽게 느낄 수 있습니다. 이때 양육자는 아이가 적절하게 자기 마음을 알고 표현하도록 도와줍니다. 또한, 아이는 양육자를 보고 배우므로 올바른 감정 표현을 하는 모습을 보여주도록 합니다.

다른 사람의 마음을 이해하도록 눈높이에 맞춰 설명해주세요

아직은 자기중심적이어서 눈에 보이는 그대로만 받아들입니다. 따라서 다른 사람의 처지를 이해하는 것이 어렵습니다. 먼저 아이의 마음을 이해하고 공감해준 후에 다른 사람의 입장과 마음에 대해서 아이가 이해할 수 있도록 눈높이에 맞춰 설명해줍니다. 또한, 어두움과 큰 소리 등에 두려움이 생기기도 합니다. 두려운 마음에 공감해주고 다독여주세요.

 ## 언어 발달을 위해 이렇게 놀아주세요

감정을 나타내는 단어를 다양하게 경험하도록 도와주세요

36개월 전후로 눈에 보이지 않는 추상적인 개념(사랑, 행복, 두려움 등)이 발달합니다. 아이와 감정에 대한 다양한 단어 표현을 익힐 수 있도록 도와주세요.

마음 알기 놀이

★ **놀이 분야**   정서와 사회성

★ **준비물**   색종이컵, 펜, 다양한 표정 그림

★ **사전 준비**   • 양육자는 다양한 감정 단어나 표정에 대해 미리 파악하고 숙지합니다.
　　　　　　　　• 종이컵에 미리 다양한 표정을 그려둡니다.

다양한 표정 찾고 지어보기

여러 색깔의 종이컵 4~5개 바닥 면에 다양한 표정을 그립니다.(즐거움, 슬픔, 놀람, 속상함, 무서움, 화 등) 아이가 엄마의 표정을 보고 알맞은 종이컵을 찾거나 엄마가 말하는 감정 단어를 듣고 고를 수 있게 합니다.

"엄마랑 똑같은 표정을 한 종이컵은 어떤 걸까?"

"'슬퍼요' 어떤 거지? 노란색 컵이다!"

표정 그림을 보며 똑같은 표정을 지어봅니다.

"우리 화난 표정을 지어보자."

종이컵 2개를 준비합니다. 첫 번째 종이컵 옆면에 4~5개의 다양한 표정을 그립니다. (즐거움, 슬픔, 놀람, 속상함, 무서움, 화) 나머지 두 번째 종이컵에는 첫 번째 종이컵에 그린 표정이 들어갈 수 있을 만큼의 칸을 뚫어줍니다. 칸 위에는 '정우의 기분'이라고 적습니다. 두 번째 종이컵 안에 첫 번째 종이컵을 포개서 넣어줍니다. 안에 있는 첫 번째 종이컵을 이리저리 돌리면 오늘의 기분이 나타납니다.

아이와 하루 중 있었던 일을 이야기합니다. 아이는 종이컵을 자기 기분에 맞은 표정으로 바꾸고 말을 합니다. 엄마는 상황에 따른 아이의 감정을 수용하고 공감해줍니다.

"놀이터에서 친구가 그네를 양보해주지 않았을 때, 속상했지? 그때 정우의 마음은 슬펐겠구나!"

일상에서 여러 감정을 겪었던 순간을 떠올려보고, 그때를 이야기합니다.

"정우는 언제 제일 화가 났어?"

"정우는 자동차가 망가졌을 때 화가 많이 나 보였어."

언어 선생님 상황에 따른 원인과 결과에 대해 이해하고 습득하는 시기입니다. 아이가 감정의 원인을 스스로 생각할 수 있도록 장소나 사람에 대한 정보 등 상황에 대한 단서를 제공해줍니다.

심리 선생님 • 상황마다 일반적으로 느낄 수 있는 감정에 관해 설명해줍니다. "보통 그럴 때는 화나고 슬프기도 하지", "엄마는 그럴 때 속상하던데, 민서는 어때?"

• 슬픔이나 속상함, 화남 등의 감정을 보이는 아이를 빨리 달래주고 싶은 마음에 섣불리 "괜찮아"라고 말하지 않도록 합니다. 먼저 아이 마음을 충분히 정당화해주고 공감하는 것이 중요합니다. 이후에 상황에 대해 충분히 설명해주고, 대안을 제시해줍니다.

놀이 확장하기

❶ 양육자 기분 먼저 표현하기

양육자가 감정 표현을 먼저 보여주는 것이 중요합니다. '오늘의 기분 표현하기' 활동에서 양육자의 감정을 표현해보세요.

"엄마는 오늘 민서가 골고루 먹어서 기분이 좋았어. 엄마는 웃는 표정이야."

❷ 다양한 표정 구분하기

감정 표정을 붙인 감정 바구니를 만듭니다. 실제 사람들의 다양한 표정 사진을 모아둡니다. 슬픔, 기쁨, 화남 등 각각의 감정을 구분하여 바구니에 담고 분류해봅니다.

❸ 표정이 바뀌는 초상화 만들기

도화지에 초상화를 그립니다. 얼굴은 아이 얼굴 크기만큼 구멍을 뚫어줍니다. 구멍에 아이 얼굴을 끼우도록 합니다. 아이가 초상화가 되어 다양한 표정을 지어보도록 도와줍니다.

 놀이 도와주기

"몰라"라고만 표현할 때

- 감정 인식이 어렵거나 표현 방법을 몰라서일 수 있습니다. 양육자가 예상되는 감정에 대해서 대신 표현해줍니다. 예를 들어 "친구가 꼬집고 때려서 많이 화나고 속상했을 것 같아"라고 말해줍니다.
- 언어 능력이 부족하면 상황이나 질문에 대해 이해하거나 적절히 대답하는 것이 미숙할 수 있습니다. 질문을 구체적으로 하거나 대답할 수 있는 단서를 제공하면 표현력이 늘고 언어 발달을 도와줄 수 있습니다.

감정 반응이 거의 없을 때

감정 표현이 거의 없고 지나치게 순한 경우에는 사회적 상황에 대한 관심과 흥미 자체가 적어서일 수 있습니다. 아이가 관심을 보이는 놀잇감이나 상황을 면밀하게 관찰하여 상호작용을 유도해야 합니다. 예를 들어, '냠냠' 먹는 시늉에만 웃음을 보인다면 '냠냠' 놀이하면서 "맛있어" 하며 웃거나, "맛없어" 하며 시무룩한 표정을 짓는 등 다양한 반응과 표정 변화를 보여주고 모방하도록 이끌어줍니다.

마음 표현하기 놀이

★ **놀이 분야**   정서와 사회성

★ **준비물**   풍선, 매직, 신문지, 비닐봉투, 상자, 뻥튀기

★ **사전 준비**   • 양육자는 다양한 감정 단어나 표정에 대해 미리 파악하고 숙지합니다.

   • 양육자와 아이 모두 심리적으로 편안한 상태에서 시작합니다.

풍선으로 마음 표현하기

풍선을 불고 풍선 위에 다양한 감정을 표현하는 표정을 그립니다. 풍선을 크게 불거나 바람을 뺄 때마다 크기가 변하는 표정을 살펴봅니다.

"동생이 귀찮게 할 때마다 화가 났지~. 화나는 표정을 그려볼까?"

"화나는 표정이 작아지기도 하고 커지기도 해."

풍선을 날려 버리거나 터뜨린 후에 크기가 작아진 표정을 살펴봅니다. "정우의 화난 마음도 풍선하고 같이 날려 버리자. 화난 마음아 작아져라!"

신문지로 마음 표현하기

신문지에 다양한 감정을 표현하는 표정을 그립니다.

"친구가 장난감을 빼앗았을 때 속상하고 슬펐겠다. 그 마음을 신문지에 담아보자."

감정 표정을 그린 신문지를 격파하기, 잘게 찢기, 뿌리기 놀이를 하며 화나거나 속상한 마음을 풀어내도록 합니다.

잘게 찢어진 신문지는 비닐봉투나 상자 안에 꼭꼭 담는 놀이를 하며 감정을 추스르고 정리하도록 합니다.

뻥튀기로 마음 표현하기

동그란 뻥튀기를 투명한 비닐봉투 안에 넣고 그 위에 속상하거나 화난 표정을 그려줍니다. 손으로 뻥튀기를 부수는 놀이를 하며 일상에서의 불편한 감정을 해소하도록 합니다.

"화난 마음이 뻥튀기 놀이하면서 줄어드는지 한번 볼까?"

놀이 확장하기

❶ 휴지심 그림자 놀이

휴지심에 비닐 랩을 감싸고 고무줄로 고정해줍니다. 그 위에 아이가 좋아하는 동물이나 캐릭터를 그려줍니다. 어두운 곳에서 손전등으로 휴지심에 빛을 비추면 동물과 캐릭터가 그림자로 나타납니다. 빛의 거리를 조절해주며 그림의 크

기를 늘리고 줄일 수 있습니다. 어둠을 무서워하는 아이에게 어둠 속에서 하는 재밌는 그림자 놀이는 어둠을 긍정적으로 인식하도록 도와줍니다.

❷ 용기를 주는 약 처방

빈 약통에 젤리를 넣고 아이에게 주고 맛있게 먹도록 합니다. 양육자는 약사가 되어 젤리를 먹으면 용기가 생겨 두려움이나 무서운 마음이 줄어들 수 있다고 이야기합니다.
"여기는 용기를 주는 약국이에요. 이 젤리는 민서가 화장실 갈 때 용기를 준대요."
무섭고 두려운 마음이 있을 수 있다는 것을 알려주고 공감해주는 것도 중요합니다.
"그래도 화장실 앞까지 갈 수 있었네" 하며 작은 성취에도 관심을 두고 표현해줍니다.

❸ 불을 뿜는 용

휴지심 한쪽에 얇은 포장지나 종이를 길게 찢어 붙이고 용의 머리처럼 꾸며줍니다. 반대편에 입을 대고 후 불어주면 용이 불을 뿜는 것처럼 보입니다. 이 시기의 아이들은 자기 힘이나 능력을 과시하고 뽐내는 놀이를 하며 놀이에서 얻은 용기와 성취감으로 어려운 일들을 헤쳐나갈 수 있습니다. 불을 뿜은 용이 되어 마음껏 자기 과시를 하도록 해주세요.

심리 **선생님** 아이가 화, 두려움, 슬픔 등의 감정에 휩싸여 있다면 가장 먼저 충분히 공감하고 정당화해주는 것이 중요합니다.

🦆 놀이 도와주기

아이가 감정 표현을 안 할 때

- 신체 증상을 관찰합니다. 아이가 아프다고 하거나 평소보다 짜증이 많거나 보채는 경우에 더 세심한 관찰이 필요합니다.
- 표현을 잘하던 아이가 어느 순간 표현을 하지 않는다면 양육자의 민감성을 높여봅니다. 작은 표현에도 적극적으로 반응해주고 표현했을 때 충분하게 수용하고 공감해야 합니다.
- 무던한 성격일 수 있습니다. 어린이집 선생님이나 주변 지인을 통해 아이의 생활에 대한 정보를 얻을 수 있습니다.
- 언어 수준이 부족할 때도 자기 의사나 감정에 대한 표현이 미숙할 수 있습니다. 내 아이의 언어 수준을 점검해보는 것도 도움이 됩니다.

감정 기복이 수시로 바뀌고 지나치게 떼를 쓸 때

- 먼저 주변의 비슷한 연령의 아이들과 비교해봅니다.
- 다른 아이들에 비해 유독 더 심하게 반응한다면 양육자가 지나치게 "안 돼", "그만"을 말하는 것은 아닌지 확인해봅니다.
- 양육자가 비일관적인 태도는 아닌지 확인합니다. 명확한 경계를 일관되게 제시하는 것은 아이에게도 양육자에게도 안정감을 줍니다. 특히 원하는 것을 얻기 위해 떼를 쓰는 아이라면 양육자의 비일관적인 반응이 떼쓰기를 강화할 수 있으니 주의합니다.

평소보다 짜증이 많네

손 근육이 발달해요

★ ★

 이 놀이를 추천하는 이유

⑨ 휴지심에 실 끼우기 놀이

- 끼우는 활동은 소근육 발달을 도와줍니다.
- 양손을 협조적으로 사용하면서 협응 발달을 도와줍니다.
- 다양한 방식의 끼우기 활동은 시지각 능력 발달을 도와줍니다.

⑩ 친구 구하기 놀이

- 가위를 다루는 활동은 소근육 발달을 도와줍니다.
- 과제를 수행하고 문제해결 능력을 길러줍니다.

감각과 신체 발달을 위해 이렇게 놀아주세요

양손으로 조작하는 활동을 경험하게 도와주세요

이 시기부터는 양손 중 자주 쓰는 손이 생기기 시작합니다. 흔히 오른손잡이, 왼손잡이라고 합니다. 억지로 자주 쓰는 손을 바꾸는 것은 아이의 뇌 발달과 소근육 발달을 위해 좋지 않습니다.

 소근육 발달을 위해서는 숟가락으로 음식 먹기처럼 도구를 쥐는 활동을 비롯해 신발 벗기, 바지 내리기 등 스스로 할 수 있는 것을 점차 늘려주세요. 그리고 구슬 끼우기(28개월), 가위로 오리기(31개월) 등의 조작 활동을 다양하게 경험하도록 도와주세요. 그리고 소근육 발달은 대근육 발달과 균형을 이루어야 더욱 세밀하게 조작할 수 있습니다. 코어 활동과 매달리기 활동을 함께해주세요.

다양한 선과 도형을 경험하게 도와주세요

낙서 수준에서 선과 원을 그릴 수 있고 도형을 이해할 수 있습니다. 사람을 비슷하게라도 그릴 수 있습니다. 24개월 이후에는 수직선과 수평선을 그리고 36개월 이후에는 원 그리기를 할 수 있습니다. 다양한 그리기 활동으로 뇌 발달과 소근육 발달을 도와주세요.

휴지심에 실 끼우기 놀이

★ **놀이 분야**　감각통합

★ **준비물**　휴지심, 종이박스, 끈 혹은 모루, 막대기, 클레이

★ **사전 준비**　• 실 끼우기 연습을 위해 휴지심 자른 것을 5개 준비합니다.

　　　　　　• 또 다른 휴지심은 미리 적당한 크기(약 3~5cm)로 자르고 종이박스에
　　　　　　　붙여 놓습니다.

　　　　　　• 휴지심에 색을 칠하거나 색종이로 꾸며주면 더욱 좋습니다.

휴지심 고리 끼우기

클레이에 막대를 끼워 고정합니다. 미리 자른 휴지심을 아이와 함께 막대에 고리처럼 끼웁니다.
"막대에 휴지심 고리를 끼워주자."
"하나, 둘, 셋, 우리 민서 잘 끼운다."

휴지심 실 끼우기

미리 자른 휴지심과 실 또는 모루를 보여주고 함께
끼우기 연습을 해봅니다.
"동그란 구멍에 실을 넣어서 목걸이를 만들어보자."
"하나, 둘, 셋, 우리 민서 잘 끼우네."
"목걸이가 완성되었어요."

휴지심 터널에 실 끼우기

박스나 두꺼운 종이에 휴지심을 붙여 휴지심 터널
을 만듭니다. 아이가 하고 싶은 대로 실을 휴지심에
통과시킵니다.
"우리 민서가 휴지심 터널에 실을 연결해서 길을 만
들어주자."
"잘 끼웠어. 멋진 길이 완성되었네."

언어 선생님 놀이할 때 색깔이나 크기, 길이 등 인지 개념을 확장할 수 있는 어휘를 들려주면 좋습니다. (150~153쪽, '요리사 놀이' 참고)

감각 통합 선생님 철심과 털실로 이루어진 모루는 실보다 고정력이 있어서 처음 실 끼우기를 하는 아이에게 적합한 재료입니다.

 ## 놀이 확장하기

❶ 휴지심 끼우기를 잘한다면 좀더 작은 크기의 물건으로 난이도를 조절해줍니다. (예) 빨대, 파스타, 구슬 등)

❷ 휴지심에 스티커를 붙이거나 그림을 그려서 같은 모양끼리 찾아 실을 끼워보는 활동을 할 수 있습니다.

 ## 놀이 도와주기

실 끼우기를 어려워할 때

• 모루를 이용해서도 끼우는 것을 어려워한다면 휴지심 기둥에 구멍을 뚫어 빨대를 꽂아보는 연습을 먼저 해봐도 좋습니다.

• 흐물거리는 얇은 끈을 잡고 유지하는 것이 어렵다면 손가락으로 잡는 부분의 실을 테이프로 고정해 두껍고 딱딱하게 만들어주면 잡기 수월해집니다.

친구 구하기 놀이

★ 놀이 분야　감각통합

★ 준비물　가위, 마스킹 테이프, 색종이, 피규어 혹은 장난감

★ 사전 준비　• 피규어 혹은 장난감에 얇게 자른 색종이를 감아서 고정해줍니다.

　　　　　　• 머핀 틀 또는 플라스틱 통에 장난감을 넣고 입구 부분에 마스킹 테이프로
　　　　　　　 거미줄처럼 붙여서 준비해줍니다.

가위질 연습하기

엄마가 미리 색종이를 얇게 약 3cm 넓이로 잘라둡
니다. 아이는 가위 손잡이에 손가락을 끼우고 충분
히 연습합니다. 그리고, 미리 잘라놓은 색종이의 양
끝을 엄마가 잡고 아이가 자르도록 합니다.

"민서가 가위로 종이를 싹둑 자를 거야."

"하나 둘 셋 싹둑! 한 번에 잘 잘랐네."

종이에 묶인 장난감 구하기

엄마가 미리 피규어나 장난감에 얇게 자른 색종이를 둘러둡니다. 아이가 장난감을 얻기 위해 종이를 풀고 마구 자르도록 합니다.

"민서야, 가위로 잘라보자."

"싹둑싹둑~ 곰과 고양이를 구해주었어! 최고!"

상자에 갇힌 장난감 구하기

엄마가 미리 머핀 틀이나 플라스틱 상자에 장난감을 넣고 그 위를 마스킹 테이프로 붙여서 준비해줍니다. 장난감을 얻기 위해 아이가 스스로 자를 수 있도록 합니다.

"정우가 좋아하는 자동차가 갇혀 있네."

"가위로 테이프를 잘라서 구해주자."

전문가 TIP

 언어 선생님 다양한 감각놀이를 하면서 모양, 위치, 상태에 대한 어휘 자극을 주면 더욱 좋습니다.

 감각통합 선생님 아직 가위로 자르는 것이 서툰 시기입니다. 종이를 가위질 한두 번으로 자를 수 있는 크기로 미리 잘라서 준비합니다. 양육자가 양쪽 끝을 잡은 상태에서 아이가 가위질하면 좀 더 쉽게 자를 수 있습니다. 가위질을 잘하게 되면 스스로 자를 수 있는 면적을 넓게 하여 난이도를 높여줍니다.

 심리 선생님 아이가 수행이 어려워하면서도 "내가 해볼래" 하고 말하면 지켜봐 줍니다. 옆에서 말로 도움을 주어도 좋습니다.

놀이 확장하기

❶ 그림이 그려진 색종이를 가위로 싹둑 자릅니다. 하얀 종이 위해 조각난 색종이를 풀로 다시 붙여서 원래의 그림을 완성합니다.(퍼즐 맞추기)

❷ 문틀에 마스킹 테이프를 거미줄처럼 붙인 후 아이가 직접 자르고 탈출하는 놀이를 합니다.

 놀이 도와주기

가위질을 어려워할 때

• 양육자가 아이의 손을 잡아주고 함께 자르며 동작을 익히게 해줍니다.

• 종이 자르기가 서툴다면 클레이를 이용합니다. 양육자는 아이가 가위질 한 번으로 자를 수 있도록 클레이 두께를 조절해 아이가 스스로 자를 수 있도록 도와줍니다.

• 집게로 물건을 잡아 옮기는 활동은 가위질 활동에 도움을 줍니다. 아이의 악력에 맞는 집게를 선택해 가볍고 잘 잡히는 물건(폼폼이 같은 재질)을 옮겨봅니다.

• 가위질을 거부한다면 종이 테두리를 미리 잘라놓아 손으로 쉽게 찢어지도록 합니다. 찢는 놀이를 통해 소근육 활동을 대체해줍니다.

25~36개월에 이런 점이 궁금해요

자립심의 첫걸음! 자조 능력은 어떻게 기르나요?

25~36개월의 아이는 혼자 하고 싶은 것이 많고 스스로 모든 것을 할 수 있다고 믿는 시기입니다. 하지만 여전히 미성숙한 단계이기 때문에 양육자의 도움과 격려도 필요한 과도기입니다. 양육자는 이 시기 아이에게 자율성을 키울 수 있도록 아이가 할 수 있는 일은 스스로 할 수 있도록 격려해줍니다.

양육의 목표는 아이가 사회에 나갔을 때 잘 적응하도록 자립심을 키우는 것입니다. 따라서 양육자는 아이가 스스로 하는 힘, 즉 자조 능력을 기르도록 최소한의 도움만 주어야 합니다.

자조 능력은 아이 스스로 입을 옷을 찾아 입고, 수저를 사용해 밥을 먹고, 학교에 가기 위해 준비물을 챙기고, 목욕하고, 잠자리에 드는 것과 같은 일상의 모든 과정을 말합니다. 이를 위해서는 시지각, 운동 계획, 균형, 대동작과 소동작 기술 등 생각보다 많은 능력이 요구됩니다.

24개월부터는 숟가락으로 음식을 먹을 수 있고, 바지를 잡아주면 다리를 넣을 수 있고, 큰 지퍼를 내릴 수 있습니다. 36개월 무렵에는 고무줄 바지를 벗을 수 있고, 신발장에 신발을 정리할 수 있으며 도움을 받아 양치질도 할 수 있습니다. 이처럼 아이는 점점 스스로 할 수 있는 영역이 늘어납니다.

자조 능력을 발달시키기 위해서는 발달 단계에 맞는 활동을 제공해줘야 합니다. 그리고 활동을 제공할 때는 다음 4가지를 꼭 명심하여야 합니다.

첫째, 활동의 단계를 세분화해서 알려줍니다.

둘째, 처음부터 끝까지 모두 수행할 필요는 없습니다.

자신감 향상을 위해 마무리 활동부터 스스로 할 수 있게 도와줍니다. 스스로 옷 입는 방법을 가르쳐줄 때는 역 연쇄법(backward chaining)을 이용해서 가르쳐주세요. 먼저 옷 입고 벗는 순서를 단계적으로 나눕니다. 그리고 아동이 가장 마지막 활동을 하도록 하고 그다음의 마지막 순서, 또 그다음 순서처럼 역순으로 하나씩 알려줍니다. 예를 들면 바지를 입을 때 다리를 끼워주고 마지막에 아이가 올릴 수 있도록 해주거나 양말을 신을 때도 발가락 부분을 끼워준 후 아이가 양말을 당겨서 마무리할 수 있게 합니다. 이런 마지막 활동에 익숙해지면 역순으로 하나씩 알려주면 됩니다.

셋째, 시간이 오래 걸려도 아이 스스로 해볼 수 있게 기다려줍니다.

넷째, 자조 능력 향상을 위한 소근육, 대근육 발달 활동도 병행합니다.

기질적으로 감각이 민감해서 옷을 입고 벗거나 목욕과 양치를 힘들어하는 경우가 있습니다. 이때는 아이의 속도를 인정해주면서 옷을 입기 전에 안아주고 마사지를 해주는 것도 좋습니다. 예쁜 옷보다는 편안한 옷을 입게 해주세요. 목욕과 양치는 위생에 대한 부분이기 때문에 꼭 해야 한다는 것을 부드럽게 인지시킵니다. 물 온도와 칫솔, 치약 등은 아이가 선택하게 한 후에 적응할 수 있도록 도와줍니다.

이처럼 양육자는 아이가 독립의 첫 단추를 잘 끼울 수 있도록 인내심을 갖고 지지와 격려를 해주면서 건강한 자아를 가질 수 있도록 도와줍니다.

정서지능을 안정적으로 높이는 방법은?

문제해결보다 아이의 정서부터 수용해주기

"괜찮아, 별거 아니야!", "뚝! 그만 울어"라고 말하거나 "다음에는 이렇게 해봐"라며 빠른 해결 방법을 알려주는 것은 얼핏 보기에 괜찮은 반응처럼 보입니다. 그러나 아이는 '나는 괜찮지 않은데 엄마가 괜찮다고 하네. 이렇게 느끼는 게 이상한 건가?', '눈물이 나는 내가 잘못된 건가?'라고 느낍니다.

따라서 "친구가 때려서 화났겠다", "너무 속상했겠는데?" 하며 아이 처지에서 충분히 공감해주고 당연히 그런 감정을 느낄 수 있다는 것을 정당화해줍니다.

이를 통해 아이는 자기 감정을 인식하고 표현도 할 수 있게 됩니다. 먼저 자기 마음을 알아야 다른 사람의 마음도 이해할 수 있습니다.

양육자의 정서 안정이 곧 아이의 정서 안정

정서를 조절하고 적절한 방식으로 표현하는 것은 매우 중요한 사회적 규칙입니다. 아이는 양육자를 보면서 정서적 자기 조절, 정서 표출 규칙을 익히게 됩니다.

따라서 양육자의 신체적, 심리적 안정도가 중요합니다. 피로감이 높으면 아이의 행동에 지나치게 감정적으로 반응하거나 비일관적인 태도를 보일 수 있습니다. 또는 양육자 자신의 유년기에 받은 정서적 지지 경험이 지나치게 부족해서일 수 있습니다.

양육자의 정서 안정이 곧 아이의 정서 안정입니다. 아이에게 향하는 분노를 참을 수 없거나 아무것도 해주지 못할 정도로 무력할 때 아이를 대하는 방법을 몰라 불안하다면 전문가의 상담이나 개별 심리치료를 받아보기를 권합니다.

전문가의 도움이 필요할 때는 언제인가요?

영유아는 타고난 기질이나 환경에 의해 발달의 개인차가 큽니다. 신체 발달이 빠르면 언어 발달이 느리기도 하고 언어 발달이 빠르면 신체 발달이 느릴 수도 있습니다. 하지만 24개월 정도가 되면 여러 영역이 균형 있게 발달합니다.

두 돌이 지난 아이는 의미 있는 말로 의사소통합니다. 언어 능력에 필요한 의사소통 기능이나 어휘, 개념들이 늘어나면서 자기 의사를 문장으로 표현합니다. 이때는 간단한 대화가 가능해집니다. 또한 인지, 정서, 사회성, 운동성 등 여러 영역에 걸쳐 발달이 이루어집니다. 주 양육자 이외에 타인에게 관심을 보이거나 관계를 맺으며 상호작용도 원활해집니다.

최근에는 영유아 건강검진과 다양한 정보를 통해 아이의 발달 지연을 의심하고 전문가를 찾는 경우가 증가하고 있습니다. 이는 양육자 대부분이 발달에 지연을 보일 경우 적절한 시기에 올바른 방법으로 자극을 주어 발달의 균형을 맞추는 것이 중요하다는 걸 익히 알기 때문입니다. 하지만 많은 양육자가 언제 전문가를 찾아야 하는지 그 시기와 기준에 대해 어려움을 호소합니다. 아이의 발달을 점검한 후 아래의 경우라면 반드시 전문가에게 상담이나 평가를 받고 결과에 따른 적절한 개입을 받는 것이 중요합니다.

발달 상담을 받아야 할 때

- 영유아 건강검진 3차(18~24개월)와 4차(30~36개월)에서 심화 권고를 받았을 때(이전 개월 단계에서도 심화 권고를 받았다면 상담 권유)
- 눈맞춤, 호명 반응, 상호작용의 결여, 제한된 범위의 감정 표현을 보일 때
- 언어 발달 지연이 있을 때
- 교육기관(어린이집, 학교 등)의 적응이 어려울 때

PART
4

37~48개월

성장 발달 놀이

37~48개월에는 이런 걸 할 수 있어요

 감각통합 신체 발달

- 한 발 서기를 합니다. (37개월)
- 점프해서 뛰어내립니다. (37개월)
- 원을 모방해 그립니다. (37개월)
- 선 안에만 색칠하려고 시도합니다. (42개월)
- 동그라미를 사용해 얼굴의 눈, 코, 입을 그립니다. (42개월)
- 직선을 따라 자릅니다. (45개월)
- 3~5가지 율동을 합니다. (48개월)
- 네모를 그립니다. (48개월)

 심리 정서와 사회성

- 차례를 지킵니다.
- 장난감을 양보하거나 빌리기도 합니다.
- 가게 놀이, 병원 놀이 등 다양한 역할놀이를 합니다.
- 감정을 말로 전달합니다.
- 또래와 서로 같은 장난감을 가지고 함께 놉니다. (42개월 이후)

언어 언어 발달

수용언어

- 1,200~2,400개 수용어휘를 습득합니다.
- 짧고 단순한 이야기를 경청합니다.
- 복잡한 지시도 수행합니다.
- 과거, 현재, 미래 시제를 이해합니다.
- 원인과 결과, 예측하기, 연상하기 등 상위 언어 개념이 발달합니다.

표현언어

- 800~1,500개 이상의 표현어휘를 습득합니다.
- 과거의 경험을 말하고 미래를 이야기합니다.
- 화용언어 능력이 점차 발달합니다.

  (정보 얻기, 요구, 정보 주기, 감정 표현, 협상 등)
- 추론 능력이 발달합니다.
- 모국어를 규칙이나 문법을 맞게 사용하기 시작합니다.
- 발음이 대체로 정확해집니다.

문법에 맞는 언어를 사용해요

★ ★

 이 놀이를 추천하는 이유

❶ 왜? 어떻게? 퀴즈 놀이

• 사고력이 길러집니다.

• 일상생활에서 필요한 규칙과 지식을 배웁니다.

• 여러 상황에서 "왜?", "어떻게?"에 대한 이유와 해결 방법을 배웁니다.

❷ 따라 하기 놀이

• 동작을 보고 행동을 묘사하며 설명하는 능력이 길러집니다.

• 문법 구조와 규칙을 배웁니다.

• 듣고 지시를 수행하며 언어에 대한 이해력이 높아집니다.

언어 발달을 위해 이렇게 놀아주세요

탄탄한 모국어 습득을 위해 많은 대화를 나눠주세요

이 시기의 아이는 문법 구조에 맞는 조사나 시제 등을 배워서 사용할 수 있고, 다양한 구문 구조를 배우면서 모국어를 습득합니다. 탄탄한 모국어 습득을 위해서는 상대방과 많은 이야기를 나누어야 합니다. 양육자는 아이가 많은 대화를 나눌 수 있도록 도와줍니다.

"왜 그래?", "어떻게 해?" 질문에 아이의 눈높이에 맞는 답으로 알려주세요

이 시기의 아이는 질문이 다양해집니다. 엄마가 화난 것처럼 보이면 '엄마 왜 화났어?'라고 묻거나 '아기는 어떻게 생겨?'라고 질문하기도 합니다. 세상에 대한 호기심과 관심이 늘어난 아이는 사물이나 상황에 대해 이유를 묻고 해답을 원하는 질문을 하면서 배워갑니다. 아이가 질문하면 양육사는 아이의 눈높이에 맞춰 알려주세요. 아이의 생각을 키우는 데 도움이 됩니다.

 ## 정서와 사회성 발달을 위해 이렇게 놀아주세요

사회성 발달을 위해 상상놀이와 역할놀이를 도와주세요

사고력과 상황에 맞게 대화하는 화용언어의 능력은 사회성 발달과 밀접합니다. 이 시기에는 서로 유사한 놀잇감을 가지고 같은 주제로 대화할 수 있습니다. 또래와의 놀이에 관심을 보이고 질문하거나 대답할 수 있으며 원인과 결과를 이해하고 주제와 맞는 생각을 떠올려 보기도 합니다. 다양한 상상놀이와 역할놀이는 사회성 발달의 기초를 쌓는 데 도움이 됩니다.

(297쪽, 칼럼 '사회적 의사소통 능력, 화용언어' 참고)

왜? 어떻게? 퀴즈 놀이

★ **놀이 분야** 언어

★ **준비물** 일상생활 속 다양한 상황의 그림 또는 문장, 뽑기 상자(각티슈 상자 활용)

★ **사전 준비** • 식탁이나 책상 등 아이가 집중할 수 있는 장소에서 진행합니다.

  • 일상생활 속 다양한 상황을 그림으로 준비하면 더 좋습니다.

  • 다양한 상황을 종이에 적어 놓습니다. (예 사탕을 많이 먹는 상황, 넘어져서 피가 나는 상황, 책이 찢어진 상황, 놀이터에서 줄을 서는 상황)

  • 그림 혹은 종이를 접어서 뽑기 상자 안에 넣어둡니다.

  • 여러 명이 참여하면 더 좋습니다.

게임 방법 설명하기

엄마, 아빠, 민서가 게임을 합니다. 종이가 들어 있는 상자를 흔들며 아이의 관심을 유도합니다.

"민서야, 이 상자에서 소리가 나~. 뭐가 들어 있나? 한번 꺼내 볼까?", "어! 글씨가 쓰여 있네. 사탕을 많이 먹고 이를 닦지 않으면 어떻게 될까요?"

"퀴즈 상자인가 봐. 엄마가 문제를 내면 답을 아는 사람이 맞추는 거야."

"자, 엄마가 퀴즈를 낼 거야. 답을 알면 '저요!' 하고 손을 들고 말하는 거야."

생활 퀴즈 내기

엄마가 일상생활 속에서 흔히 일어나는 일들로 퀴즈를 냅니다.

"사탕을 많이 먹으면 어떻게 될까?"

"친구가 넘어져서 피가 나네. 어떻게 하면 좋을까?"

"책을 보다가 찢어졌어. 어떻게 하지?"

"친구가 선물을 받고 웃고 있네. 왜 웃고 있을까?"

"친구들이 그네를 타려고 줄을 서 있어. 왜 줄을 서야 할까?"

단서 제공하기

정답을 맞힌 사람에게 종이를 줍니다. 마지막에 종이가 가장 많은 사람이 이긴 것으로 합니다. 문제를 냈을 때 아이가 어려워한다면 "민서의 책이 찢어졌을 때 엄마가 **어떻게** 했더라?", "종이를 붙일 수 있는 게 뭐였지?"라고 단서를 제공합니다.

엄마 : "친구들이 그네를 탈 때 **왜** 줄을 서야 할까?" / 민서 : (대답 못함.)

아빠 : "저요! 차례대로 줄을 서야 다치지 않고 사이좋게 탈 수 있어요."

엄마 : "아빠 목소리가 작은데, 누가 다시 얘기해볼까?" / 민서 : "저요! 사이좋게 타려고요."

엄마 : "딩동댕. 그네를 탈 때는 줄을 서야 다치지 않고 사이좋게 탈 수 있어요."

아이의 대답이 정확하지 않더라도 긍정적인 강화나 단서를 제공해서 대답을 할 수 있게 도와줍니다. 아이의 대답이 짧다면 엄마가 구체적으로 한 번 더 정리해줍니다.

전문가 TIP

 언어 선생님
- 답을 말할 때 '저요' 대신에 아이가 좋아하는 캐릭터 이름을 말하는 것도 좋습니다. (예 "답을 알면 '콩순이', '피카츄' 하고 외치는 거야")
- 24개월 정도에 '이거 뭐야?'를 반복하는 것처럼 36개월이 지나면 '왜'라는 질문을 반복하기도 합니다. 묻고 대답하고 또 묻고 대답하는 반복 과정을 통해 아이는 세상의 정보를 습득해 나갑니다.

 심리 선생님
일반적인 상황에 대한 이해와 문제 상황을 적절하게 파악하고 대처할 수 있는 능력이 갖춰졌을 때 비로소 다른 사람과의 사회적인 소통이 가능해집니다. 단순한 상황에서 점차 복잡하고 미묘한 상황으로 확장하도록 합니다.

놀이 확장하기

❶ 그림으로 된 자료를 활용할 때는 아이가 문제를 내보게 합니다. 그러면 질문을 만들어 내는 능력도 키울 수 있고, 상대방이 말하는 대답을 듣고 맞거나 틀린 것을 변별하는 능력도 키울 수 있습니다.

❷ 평소에도 일상생활에서 접할 수 있는 다양한 상황을 이야기해봅니다.
"배가 고프면 어떻게 하지?", "비가 오면 어떻게 할까?", "민서가 어린이집에서 울었다면서, 왜 울었어?", "음식을 먹으려고 하는데 손이 더러우면 어떻게 하면 되지?"

놀이 도와주기

"왜?", "어떻게?" 관한 이해나 표현을 어려워할 때

현재 아이의 언어 수준을 파악합니다. 이해력이 낮거나 '누구, 무엇, 어디' 등과 같은 의문사를 이해하기 어려워한다면 "왜?", "어떻게?"라는 질문은 더 어려울 수 있습니다.

"왜 울고 있지?", "이가 왜 썩었을까?"라는 질문을 하면서 단서를 함께 제공해주는 것도 좋습니다. 예를 들어 "넘어져서 아파?", "사탕을 많이 먹어서 이가 썩었어?"와 같이 이유와 함께 질문합니다.

"왜?"라는 질문을 반복적으로 한다면

아이가 "왜?" 질문을 반복적으로 할 때가 있습니다. 이럴 때는 타박하기보다 정말 궁금해서인지 엄마의 관심을 끌기 위한 것인지 아이가 질문하는 진짜 의도를 파악하려고 노력합니다.

잠깐, 쉬어가기

감각통합 용어

- **고유수용성감각**

근육과 관절, 건(힘줄)에 입력되는 감각. 신체의 위치와 움직임, 힘과 무게를 인식하게 합니다.

- **전정감각**

귀속(내이)에 입력되는 감각. 공간에서의 위치와 방향감각, 자신의 신체 움직임 변화와 균형을 인식하게 합니다.

따라 하기 놀이

★ **놀이 분야**   언어

★ **준비물**   거울, 스마트폰 사진기

★ **사전 준비** • 아이가 집중할 수 있는 장소를 선택합니다.

　　　　　　• 움직임이 있는 활동을 할 수 있기 때문에 주변에 위험한 물건은 치워 놓습니다.

　　　　　　• 사진을 찍거나 다양한 동작을 취하기 위해 다른 가족의 도움을 받습니다.

　　　　　　• 동작을 한 후에는 사진을 찍어 놓습니다.

듣고 지시 따라 하기 (문법 구조 이해하기)

민서가 엄마한테 뽀뽀를 한다

"민서야, 엄마랑 재미있는 몸 놀이를 해보자. 엄마가 말해주면 민서가 듣고 행동을 해보는 거야."

"민서가 엄마한테 뽀뽀한다."

"민서가 엄마를 안아준다."

"민서랑 엄마랑 손을 잡는다."

"민서가 엄마 머리를 만진다."

행동 보고 표현하기 (문법 구조 표현하기)

"민서야, 이번에는 반대로 엄마가 몸으로 행동을 할 게. 그러면 민서가 엄마가 뭐하는지 말로 얘기해줘." 이때 아이가 동작에 맞는 조사(~가, ~한테, ~를)나 시제(~했다, ~해줬다)를 표현하지 못할 수 있습니다. 상황에 맞게 모델링하고 모방할 수 있게 합니다.

엄마 : (엄마가 아빠한테 하트 모양을 하는 동작)

아이 : "엄마가 아빠한테 하트를 해줬다."

엄마 : (엄마가 아이 머리를 쓰다듬는 동작) / 아이 : "엄마가 내 머리를 쓰다듬고 있다."

사진 보고 이야기하기

아이와 찍어둔 사진을 보면서 함께 이야기를 나눕니다. 사진의 상황이나 동작들을 보고 문법 구조에 맞춰 말해줍니다.

"엄마가 민서 머리를 쓰다듬고 있네."

비슷한 동작이 연결되도록 접속사(그리고, 그래서 등)도 사용합니다.

"엄마가 민서한테 뽀뽀를 해줬네. **그리고** 민서도 엄마한테 뽀뽀를 했네."

전문가 TIP

 언어 선생님
- 모국어의 문법 구조를 배우는 것은 중요한 언어 발달 과정 중 하나입니다. 다양한 경험(일상생활에서 노출, 경험, 책 읽기 등)을 통해 자연스럽게 습득하게 합니다.
- 아이들의 미숙한 표현을 지적하거나 고쳐주기보다는 양육자가 편안한 분위기에서 자연스럽게 올바른 표현을 들려줍니다.

감각통합 선생님 아이가 동작을 직접 보고 듣고 해보는 활동은 청지각 능력과 신체 인식, 운동 계획 능력을 향상해줍니다.

 ## 놀이 확장하기

❶ 아이와 함께 거울을 보면서 서로 지시를 하고 몸으로 표현합니다. 똑같은 동작을 서로 해보면서 문장으로도 표현해봅니다.

"손을 머리 위에 올려요", "엄마랑 정우랑 머리 위에 손을 올렸네."

 ## 놀이 도와주기

전보식 문장(핵심 단어로만 조합)**으로 표현할 때**

- "아빠 빠방 타"처럼 핵심 단어로 표현할 경우에는 "아빠랑 빠방을 탈 거야"처럼 완성된 문장으로 말해줍니다.
- 조사나 시제 등 문법 규칙을 모두 사용하기 어렵다면 ～가/이(아빠가), ～랑/하고/도(엄마랑), ～한테/에(엄마한테)와 같이 먼저 발달하는 쉬운 조사부터 알려줍니다.

아빠랑 빠방을 탈 거야

아빠 빠방 타

발음이 제법 또렷해요

★ ★

 이 놀이를 추천하는 이유

③ 'ㅂ' 소리 놀이

- 입술을 부딪치며 나는 양순음(입술소리)을 연습합니다. (ㅂ, ㅃ, ㅁ, ㅍ)
- 입술을 붙이고 입술 힘을 기르면서 주변 근육이 발달합니다.

④ 'ㅅ' 소리 놀이

- 다양한 활동으로 '치경(잇몸) 마찰음 'ㅅ, ㅆ'을 연습합니다.
- '치경(잇몸) 마찰음 'ㅅ, ㅆ'을 단계별로 연습하면 배울 수 있습니다.
- 일상생활에서 사용하는 어휘로 '치경(잇몸) 마찰음 'ㅅ, ㅆ'을 연습합니다.

언어 발달을 위해 이렇게 놀아주세요

소리 전달이 명료해지는 시기이므로 정확한 발음으로 말해주세요

돌 전후로 '엄마, 아빠, 맘마'와 같이 ㅁ과 ㅂ이 들어간 입술소리(양순음)를 주로 내다가 점차 다양한 소리로 발달합니다. 48개월 이전에는 아기 발음이 남아 있을 수 있지만, 이후에는 발음 오류가 점차 감소합니다. 이 시기에는 한국어 음소 발달의 70~80% 완성되어 타인과 대화할 때는 충분히 명료한 소리로 전달할 수 있습니다. 만약 발음이 부정확하다면 이유는 크게 두 가지입니다. 첫째는 구강 구조(설소대, 구개파열 등)나 혀의 기능 문제입니다. 둘째는 잘못된 습관이나 발달 과정에서 잘못된 발음이 계속 남아 있어서입니다.

아이에게 발음 오류가 있을 때는 지적보다는 정확한 발음을 알려주거나 짧은 단어 수준에서 소리 내는 방법을 알려줍니다. 양육자의 노력에도 부정확한 발음을 지속한다면 먼저 병리적인 문제를 확인하고 조음 검사를 받아봅니다.

음소 발달 연령표				
연령	음소 발달 단계			
	완전 습득 (95~100%)	숙달 연령 단계 (75~94%)	관습적 연령 단계 (50~74%)	출현 연령 단계 (25~49%)
만 2세	ㅍ ㅁ ㅇ	ㅂ ㅃ ㄴ ㄷ ㄸ ㅌ ㄱ ㄲ ㅋ ㅎ	ㅈ ㅉ ㅊ ㄹ	ㅅ ㅆ
만 3세	+ ㅂ ㅃ ㄸ ㅌ	+ ㅈ ㅉ ㅊ ㅆ	+ ㅅ	
만 4세	+ ㄴ ㄲ ㄷ	+ ㅅ		
만 5세	+ ㄱ ㅋ ㅈ ㅉ	+ ㄹ		
만 6세	+ ㅅ			

출처 : 《우리말 자음의 발달》 김영태 외, 2004년

정서와 사회성 발달을 위해 이렇게 놀아주세요

명확한 발음 오류를 보인다면 아이 마음부터 다독여주세요

발음이 부정확해서 타인과의 소통에 어려움이 지속한다면 정서적 문제가 야기될 수 있습니다. 또래에게 놀림 받을 것을 두려워해 말을 아예 하지 않고 친밀한 사람에게만 하려고 할 수 있습니다. 또 목소리가 작아지거나 또래 관계를 회피하는 등 위축된 행동을 보일 수도 있습니다. 아이가 명확한 발음 오류를 보인다면 먼저 아이 마음을 다독인 후에 전문가와의 상담을 권합니다.

 ## 감각과 신체 발달을 위해 이렇게 놀아주세요

평소 다양한 구강 운동을 할 수 있도록 도와주세요

아이가 침을 많이 흘리거나 언어 발달이 느리다면 구강 운동이 잘 되고 있는지 확인해봅니다. 구강 발달이 느리다면 볼(문지르기), 입술(오므렸다 다물기), 턱(올리고 내리기), 혀(내밀고 누르기) 등으로 구강 운동과 마사지를 평소 꾸준히 하도록 도와줍니다.

'브' 소리 놀이

두 입술을 부딪치는 연습하기

★ **놀이 분야** 언어

★ **준비물** 요플레, 빼빼로, 거울, 립스틱, 색종이

★ **사전 준비** • 색종이를 손톱 크기로 준비합니다.

          • 얼굴이 충분히 보일 수 있는 거울을 준비합니다.

빼빼로 입술 물기

아이의 입술 사이에 빼빼로를 가로로 놓습니다. 빼빼로 양 끝을 엄마가 잡아줍니다. 아이의 입술을 맞붙여 빼빼로를 물게 합니다. 초를 재며(3초, 5초, 10초 등) 입술로 물고 있는 시간을 점점 늘립니다.

"빼빼로를 입술로 '암' 하고 물고 있는 거야.", "엄마가 셋 셀 동안 할 수 있을까?"

"엄마랑 누가 오래 물고 있나 시합해볼까?"

요플레 립스틱 바르기

요플레를 아이의 입술 라인에 따라 묻혀줍니다.
요플레를 입술끼리 문질러서 맛보게 합니다.
"요플레 맛있겠다. 무슨 맛인가 맞춰볼까?"
"입술을 '암' 하고 입술로 먹어보자."
"이번에는 입술을 붙였다 떼었다 '뻐금뻐금' 물고기
처럼 먹어볼까?"

입술 도장 찍기

유아용 색깔 챕스틱 또는 엄마 립스틱을 아이의 입
술에 바릅니다. 입술을 뽀뽀하듯이 '우' 하고 내밀
며 거울에 입술 도장을 찍습니다.
"엄마처럼 입술을 예쁘게 바르고, '우' 하고 뽀(입술
을 내밀며) 찍어볼까?", "우와, 민서 입술이 동그랗게
찍혔네."
손등이나 종이 등 입술 모양이 나올 수 있는 곳에
찍으며 연습합니다.

입술 폭죽 날리기

잘게 자른 색종이를 조금 집어서 손바닥 위에 올려 놓습니다. 손바닥을 입술 가까이 대고 입술을 붙여 '푸' 하고 터트리며 색종이를 날려봅니다.

"엄마랑 입술로 색종이를 날려볼까?"

"입술을 붙이고 '푸' 하고 불어보는 거야."

"입술에 힘! 응가할 때처럼! 하나, 둘, 셋, 푸우!"

전문가 TIP

 언어 선생님 빼빼로처럼 얇고 긴 과자로 바꿔서도 사용할 수 있습니다. 두께가 두꺼운 것 → 얇은 것, 길이가 긴 것 → 짧은 것 등을 이용하면 입술의 힘을 기르는 데 더 도움이 됩니다.

 감각 통합 선생님 • 아이와 입술 도장을 그림으로 꾸며보는 활동을 함께하면 소근육과 시지각 발달에 도움이 됩니다.

• 입술과 주변 근육을 자극하는 놀이는 근육의 긴장도가 낮아 입을 벌리고 있거나 침을 흘리는 아이에게도 좋은 활동입니다.

 심리 선생님 양육자와 즐겁게 대결하는 경험은 이후에도 아이의 참여 동기를 높여줍니다. 또한, 아이와 함께 간단한 규칙을 세우고 이를 지키는 놀이는 이후 규칙 있는 놀이로 발전하는 데 필요한 과정입니다.

놀이 확장하기

❶ 입술 도장 찍기

양육자와 아이가 마주 본 상태에서 투명 코팅지를 사이에 두고 입술을 뽀뽀하듯 찍으며 연습합니다. 뽀뽀할 때 살짝 가볍게 '쪽' 부딪히는 것과 힘을 줘서 입술을 더 붙이고 오므리고 내미는 것에 따라 주변 근육과 입술의 힘을 다르게 할 수 있습니다. 이때 색깔이 진한 립스틱을 사용하면 모양과 입술을 오므리는 힘에 따라 찍힌 립스틱 모양이 달라진다는 것을 보여 줄 수 있습니다.

❷ 입술 폭죽 날리기

아이가 부는 힘에 따라 색종이의 양과 거리를 조절합니다. 시각적 도구를 이용한 활동은 아이가 입술의 움직임과 힘 조절을 눈으로 확인할 수 있기 때문에 움직임을 더 잘 이해할 수 있습니다.

 ## 놀이 도와주기

입술이 다물어지지 않을 때

- 입 주변 근육을 마사지해줍니다. 양육자의 양쪽 엄지손가락을 아이의 인중에서 시작해서 바깥쪽으로 눌러서 밀어줍니다.
- 아랫입술과 턱의 중간지점에 양육자의 양쪽 엄지손가락을 위로 향하게 놓고 양턱 쪽으로 반원을 그리며 마시지 해줍니다.

입술을 붙이지 못할 때

- 양육자가 손가락으로 위아래 입술이 붙을 수 있게 잡아줍니다.
- 빨대나 컵을 활용해서 입술에 대고 양육자가 잡아주어 입술을 붙일 수 있게 도와줍니다.

'ㅅ' 소리 놀이

발음 연습

★ **놀이 분야** 언어

★ **준비물** 빨대, 거울, 색연필, 슈퍼마켓 놀이 장난감, 스티커

★ **사전 준비** 'ㅅ'이 들어간 여러 가지 단어카드나 장난감을 준비합니다.

소리내기 연습하기

'아' 하고 입을 벌린 상태에서 빨대를 혀 위에 올려놓고 입을 살짝 다뭅니다. '스' 소리를 내는 것처럼 바람을 내보냅니다. '흐' 하고 소리가 난다면 혀끝을 빨대로 살짝 눌러줍니다. "우리 '스' 하고 바람을 불어볼까?", "엄마 입에 손 대봐, 바람이 나와."

소리내기 연습을 한 후에는 '시, 스, 소, 수, 사' 순서로 무의미 음절(의미가 없는 소리)도 연습합니다. 'ㅅ' 바람 소리에 모음을 연결해서 발음합니다.

"엄마 따라 해보자. '스~~~~이', '스~~이', '시', '스~~~~아', '스~~아', '사', 잘했어."

낱말과 문장 연습하기 – 시장놀이

시장에서 파는 상품 중 'ㅅ'이 들어간 단어를 아이와 함께 연습합니다.

"시장에는 어떤 것들이 있지? 엄마랑 한번 찾아볼까?"

"사과, 수박, 시금치, 산딸기, 복숭아, 상추, 버섯, 시금치, 스프, 소금, 설탕……."

단어 연습을 충분히 했다면 'ㅅ'이 들어간 단어를 조합하여 문장으로 만듭니다.

문장의 길이를 점차 늘려줍니다.

"사과 사."

"슈퍼에서 사과 사."

"슈퍼에 가서 맛있는 사과 사."

자발화 연습하기 – 시장놀이

역할놀이를 하며 목표 음소 'ㅅ'을 연습합니다.

"안녕하세요."

"사과 사러 왔어요."

"사과 주세요."

"슈퍼에 가서 맛있는 사과 사 왔어요."

221

언어 선생님

• 아이가 '스' 하고 바람 소리를 내기 어려워한다면 감각을 이용해서 배울 수 있게 해줍니다. 예를 들면 손바닥을 입 앞쪽에 대고 불어서 바람을 느끼게 하거나 양육자가 아이 손에 대고 발음해서 촉각 감각을 느끼게 해도 좋습니다. 또, 입 가까이에 거울을 두고 부는 연습을 하여 거울에 습기가 생기는 걸 보여주는 시각적인 자극을 주어도 좋습니다.

• 낱말 연습을 할 때 목표 음소를 먼저 어두초성에 'ㅅ'이 있는 단어(사과, 사자 등) 혹은 받침 없는 단어로 정합니다.

• 가장 늦게 완성되는 음소인 치경(잇몸) 마찰음 'ㅅ, ㅆ' 소리는 만 6세 무렵에야 완성됩니다.

• 기질이나 기능상의 이유로 발음이 되지 않으면(오조음) 소리를 내는 기초부터 단계적인 훈련이 필요합니다.

 ## 놀이 확장하기

❶ 스티커 붙이기, 색칠하기, 장난감 등을 사용한 역할놀이를 하면서 소리 연습을 합니다.
❷ 어두초성 'ㅅ' 단어 수준에서 정조음할 수 있다면 어중초성 'ㅅ'을 같은 방법으로 연습합니다.

놀이 도와주기

'ㅅ' 발음이 안 될 때

• 소리를 내는 방법을 충분히 연습합니다. 일상
  생활에서 소변을 보면서 '쉬' 소리를 내듯 바람
  (마찰)을 내보는 것도 도움이 됩니다.

• 'ㅅ + ㅣ' 모음부터 연습합니다. '시' 무의미 음절
  이나 단어 수준에서 연습합니다. 예를 들어 시
  계, 시금치, 시작, 시장, 시골 등을 연습합니다.

'ㅆ' 발음이 안 될 때

• 'ㅅ' 소리 발음은 잘하는데 '~했어요 → 해떠요' 등과 같이 'ㅆ' 발음에만 오류를 보인다면
  어두초성 'ㅆ'이 들어간 단어를 충분히 연습합니다. (예) 씨앗, 씨름, 쓰레기, 썰매)

• 어중초성 'ㅆ'을 무의미 음절부터 연습합니다. (예) 아싸, 오쏘, 우쑤, 으쓰, 이씨, 애쌔)

잠깐, 쉬어가기

ㅅ 소리 배우기

엄마랑 집에서 ㅅ 소리를 연습합니다.

• 어두초성 ㅅ 소리 단어

시계 신발 스케치북 새 생일 수건 선물 소파 손 사탕

• 어중초성 ㅅ 소리 단어

가시 참새 원숭이 가수 풍선 청소 채소 주사기 의사 우산

ADHD와 틱 증세를 보인다면?

ADHD(주의력결핍 과잉행동장애, Attention Deficit / Hyperactivity Disorder)는 아동기에 흔히 보일 수 있는 발달장애입니다. 주의집중이 어렵고 지나치게 산만하며 자리 이탈이나 지나친 움직임 등의 과잉행동과 충동성이 주요 증상입니다. 원인은 아직 명확하게 밝혀지지 않았으나 유전적인 요인과 환경적인 요인의 상호작용으로 설명됩니다.

그런데 간혹 호기심이 많고 활달한 기질적인 특성이 양육자의 기질과 맞지 않아 유독 산만한 아이로 비칠 수 있고, 또는 불안으로 인한 안절부절못하는 행동이 과잉행동처럼 보일 수도 있습니다. 외부 환경 요인이나 스트레스에 의한 일시적인 행동 문제를 보일 수 있으니 구분이 필요합니다.

ADHD는 최소 6개월 이상은 지켜봐야 합니다. 가정과 교육기관(어린이집, 유치원, 학교) 등 반드시 두 개 이상의 장소에서 같은 행동을 보여야 합니다. ADHD 증상으로 인해 학업, 또래 관계 등 다양한 상황에서도 어려움이 따르는지 살펴봐야 합니다. 만약 ADHD가 의심된다면 소아정신과, 발달센터 등에 방문하여 상담과 평가를 받아본 후에 그에 따른 개입을 권합니다.

틱(Tic Disorder)은 특별한 목적 없이 갑작스럽게 신체나 얼굴 근육을 움직이거나 이상한 소리를 내는 행동이 반복적으로 나타나는 현상입니다. 눈 깜빡거리기, 고개 휘젓기, 찡그리기 등의 운동 틱(motor tic)과 쿵쿵 대기, 헛기침하기 등과 같은 음성 틱(vocal tic)으로 구분합니다.

틱은 스트레스 상황에서는 악화하지만 편안한 상태나 무언가에 집중할 때는 감소합니다. 가벼운 틱 증세는 시간이 지나면서 사라지는데, 이를 지적하거나 혼내면 아이의 긴장과 불안이 높아져 틱 증세가 더욱 심해질 수 있으므로 양육자는 아이의 틱 증세에 반응하지 않는 것을 권합니다. 만약 일 년 이상 지속하고 운동 틱과 음성 틱이 동반되거나 이로 인한 정서적인 문제가 커진다면 가까운 소아정신과, 발달센터 등에 방문해 전문가의 평가와 치료를 권합니다.

또래와 사이좋게 어울려요

★ ★ ★ ★ ★ ★ ★ ★ ★ ★ ★ ★ ★ ★ ★ ★ ★

 이 놀이를 추천하는 이유

❺ 스티커 뽀뽀 놀이

- 간단한 규칙이 있는 놀이를 하면서 사회적 규칙을 배웁니다.
- 자기 차례를 인지하고, 기다리는 연습을 할 수 있습니다.
- 함께 하는 즐거움을 느끼고 협동심이 생깁니다.

❻ 동서남북 놀이

- 다양한 사회적 규칙(차례 지키기, 양보하기, 기다리기 등)을 인지하고 연습을 할 수 있습니다.
- 수 개념이 향상됩니다.
- 방향 개념이 향상됩니다.

정서와 사회성 발달을 위해 이렇게 놀아주세요

친구와 함께 놀면서 사회적 규칙을 익힐 수 있게 도와주세요

친구의 놀이에 관심을 보이며 참여하거나 질문을 하기도 하고 함께 이야기를 나누기도 합니다. 같이 놀 친구를 찾아보기도 하며 장난감을 빌려주거나 빌려달라고 요청할 수 있습니다. 또한, 자신의 차례를 인지하고 지킬 수 있습니다. 그러나 아직 협동하기, 역할 분담과 같은 조직적인 놀이를 하는 건 어렵습니다. 따라서 친구와 함께 놀이하는 경험을 늘려서 간단한 사회적 규칙을 익힐 수 있도록 도와줍니다.

 ## 언어 발달을 위해 이렇게 놀아주세요

화용언어 발달을 위해 또래와 자주 놀도록 도와주세요

아이는 초기에 언어를 자신의 의사전달을 위해 사용했다면 점차 의도나 목적을 가지고 사용하게 됩니다. 아이는 다양한 환경에서 사회적 관계를 맺으며 언어능력을 키웁니다. 사회적 측면에서 의사소통의 맥락을 이해하고 대상과 상황에 맞게 자기 생각을 적절히 말로 표현하는 것이 '화용언어'입니다.

화용언어가 발달하려면 또래들과 상황에 맞는 여러 가지 말을 자주 나눠야 합니다. 그럴수록 상호작용의 질도 높아집니다. 따라서 양육자는 아이가 또래와 어울릴 기회를 자주 제공해줍니다. (297쪽, 칼럼 '사회적 의사소통 능력, 화용언어' 참고)

감각과 신체 발달을 위해 이렇게 놀아주세요

감각통합 활동으로 사회성을 키워주세요

사회성 발달은 뇌의 적절한 감각 처리와도 밀접한 연관성이 있습니다. 아이가 감각이 매우 민감하거나 둔감하여 조절하는 데 문제가 있다면 단체 생활에 어려움을 보일 수 있습니다. 예를 들어 감각이 지나치게 예민한 아이는 친구들이 떠드는 소리, 줄을 서 있기나 놀 때 신체에 닿는 감촉, 움직이는 사람에 대한 시각 자극 등을 불쾌하게 여겨서 함께 노는 것 자체를 거부할 수 있습니다.

아이가 사회성이 부족하다면 뇌에서 감각을 잘 처리하고 있는지 확인해야 합니다. 만약 어려움을 보인다면 전문가와의 상담을 권합니다.

스티커 뽀뽀 놀이

★ **놀이 분야**   정서와 사회성

★ **준비물**   스티커

★ **사전 준비**   • 편안한 상태에서 진행합니다.

　　　　　　　• 관심과 흥미를 높일 수 있도록 아이가 좋아하는 스티커를 준비합니다.

놀이 규칙 이해하기

엄마는 아이에게 놀이 방법에 관해 설명합니다.
"엄마랑 민서랑 똑같은 곳에 스티커를 붙이자. 엄마
는 민서에게 붙여주고 민서는 엄마에게 붙여주는
거야. 그리고 같은 곳끼리 뽀뽀하게 하자."

같은 곳에 스티커 붙이기

아이가 엄마의 신체 부위에 스티커를 붙이면 엄마도 아이의 똑같은 신체 부위에 스티커를 붙입니다. 이후에는 순서를 바꾸어 엄마가 아이의 신체 부위에 스티커를 붙이고 아이가 엄마의 똑같은 신체 부위에 스티커를 붙이도록 합니다. 차례를 번갈아가며 시도합니다.

"엄마는 민서 이마에 붙였어. 엄마 이마에도 똑같이 붙여줘."

"민서는 엄마 코에 붙였네. 엄마도 민서 코에 붙여줘야지."

"민서 코랑 엄마 코에 똑같이 스티커가 붙어 있네."

스티커에 뽀뽀하고 떼어 내기

같은 부위의 스티커를 서로 맞대며 뽀뽀하는 것처럼 놀이하고, 각자 얼굴에 붙은 스티커를 떼어 냅니다.

"엄마 코랑 정우 코랑 뽀뽀~."

"엄마 손등이랑 정우 손등이랑 뽀뽀~."

전문가 TIP

언어 선생님
- 놀이 규칙을 정할 때 "이거 할까?", "이렇게 하는 건 어때?" 등 상대방에게 무언가를 제안하고 조율하는 기능을 배울 수 있습니다. 이를 통해 화용 언어의 발달을 도와줍니다.
- 또래와의 대화에서 다양한 문제해결 방법을 터득할수록 아이의 사회성이 높아집니다.

감각 통합 선생님
- 몸에 스티커를 붙이는 놀이는 신체를 인지하는 능력을 발달시켜줍니다.
- 신체를 사용하는 규칙 활동은 단체활동에서의 운동 계획 활동에 도움을 줍니다.

놀이 확장하기

❶ 규칙 바꾸기
- 스티커 색깔을 다양하게 하고 같은 색깔 스티커를 맞대어봅니다.
- 한 명이 한 번에 여러 개의 스티커를 붙이고 다음 사람이 똑같이 붙여봅니다.
- 규칙은 마음대로 바꾸는 것이 아니라 상대방의 동의가 필요함을 알려줍니다.

❷ 가위바위보 하기
순서를 정하거나 장난감을 나눌 때 흔히 '가위바위보'를 사용합니다. 가위, 바위, 보의 손모양을 모델링해주고 따라 해보게 합니다. "가위바위보!" 구령에 맞춰 패를 내는 것을 연습합니다. 각각 패에 따라 승패가 나뉘는 것을 알려주고 연습합니다.

놀이 도와주기

규칙을 이해하기 어려워할 때

규칙을 말로만 길게 설명하면 이해하기 어렵습니다. 짧게 설명하고 행동으로 보여줍니다.

"엄마가 민서 코에 스티커를 붙일게."
아이의 코에 스티커를 붙입니다.
"민서도 엄마 코에 붙여주는 거야."
아이가 엄마 코에 똑같이 붙이게
합니다.
"그리고 같은 곳끼리 뽀뽀해보자."
콧등을 맞댑니다.
"똑같은 곳에 붙여야 해."
강조할 곳은 한 번 더 이야기해줍니다.

규칙을 안 지키고 마음대로 할 때

규칙을 지켜서 1회 수행하면 다음엔 규칙을 변경할 수 있다고 설명합니다.

차례 지키는 것을 어려워할 때

누구 차례인지 말로 해주거나 손가락으로 가리켜주며 차례를 인식하도록 합니다.
"민서 차례, 이번엔 엄마 차례."
양육자가 활동을 할 때는 빠르게 진행해서 아이가 차례를 기다리는 시간을 짧게 줄여줍니다. 이때 차례를 지킨 것에 대해 칭찬합니다.

모든 일을 자기가 하겠다고 할 때

양육자와 아이의 스티커를 각각 준비해서 나눔으로써 소유를 구분해줍니다.

동서남북 놀이

사회적 규칙 익히기

★ **놀이 분야**   정서와 사회성

★ **준비물**   색종이, 펜, 여러 개의 장난감

★ **사전 준비**   • 양육자와 아이 모두 심리적으로 편안한 상태에서 시작합니다.

• 놀이 재료를 만들어야 하므로 시간을 충분히 가진 상태에서 합니다.

• 양육자가 미리 동서남북 종이접기를 준비합니다.

• 글자를 읽거나 쓰기 어려운 연령이므로 양육자가 대신 읽고 써줍니다.

• 색종이보다 큰 종이를 활용해도 좋습니다.

동서남북 종이접기

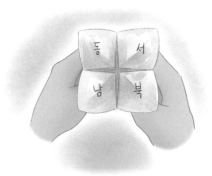

동서남북 종이를 접은 후 네모 칸에 각각 '동, 서, 남, 북'을 적습니다. 뒷면에는 사회적 행동을 적습니다.

사회적 행동 예시	
빌려줘, 고마워	양보하기
바꾸자	"민서야" 이름 부르기
몇 번 하고 줄래?	내 거야
안아주기	손뼉치기

동서남북 놀이 규칙 익히기

엄마와 아이는 각각 장난감을 5개씩 나누어 가집니다. 아이는 자신이 원하는 칸, 개수를 외칩니다. (예) "동쪽 네 번", "서쪽 두 번") 엄마는 그에 맞게 종이를 움직입니다. 아이가 해당하는 칸에 적힌 표현이나 행동을 하게 합니다.

• 빌려줘, 고마워 : "빌려줘"라고 말하고, 엄마로부터 장난감을 받은 후엔 "고마워"라고 말하기

• 양보하기 : 엄마에게 장난감 한 개를 양보하기

• 바꾸자 : 서로 장난감 바꾸기

• "민서야" 이름 부르기 : 엄마가 아이의 이름을 부르고 아이는 "응"이라고 대답하기

• 몇 번 하고 줄래? : 아이가 "몇 번 하고 줄래?"라고 물어보면 엄마가 "한 번", "두 번" 등 질문에 대답하고 함께 숫자를 센 후 장난감 양보하기

• 내 거야 : 엄마가 아이의 장난감을 빌려달라고 하고, 아이는 "내 거야"라고 말하기

• 안아주기 : 아이와 엄마가 포옹하기

• 손뼉치기 : 엄마와 아이가 함께 하이파이브 하기

남쪽 세 번이니까, 손뼉치기

언어 선생님 아이는 게임하면서 상황에 따른 원인과 결과에 대해 배우고 놀이하면서 '요구하기, 대답하기, 제안하기, 수용하기' 등 화용언어가 발달합니다.

감각 통합 선생님 선과 점을 이해해야 하는 종이접기 활동은 소근육과 시지각 능력 발달을 도와줍니다.

심리 선생님 동서남북 종이접기 놀이에서 적은 사회적 행동은 아이와 의논하여 내용을 바꾸거나 수정할 수 있습니다. 아이의 관심과 흥미를 높이기 위해 '엉덩이 춤추기', '코끼리 코로 세 바퀴 돌기', '맛있는 젤리 먹기' 등과 같은 재미있는 활동으로 바꾸어도 좋습니다. 형제가 있다면 함께 진행해볼 수 있습니다.

 놀이 확장하기

❶ 역할 바꾸기

아이와 양육자의 역할을 바꾸어 진행하며 양육자는 아이가 해야 할 사회적 행동을 모델링해줍니다.

❷ 각각 종이접기 만들기

양육자와 아이가 각각 동서남북 종이접기를 만들 수 있습니다. 양육자가 종이 접는 방법을 보여주고 아이가 따라 할 수 있게 도와줍니다. 아이의 종이에는 아이가 하고 싶은 활동을 적어주고 서로 번갈아 놀이하며 차례 지키기를 연습합니다.

❸ 다양한 우연게임(랜덤게임)

우연게임을 통해 자기가 하고 싶지 않아도 우연에 의한 결과를 따라야만 하는 규칙이 있음을 수용하는 연습을 할 수 있습니다. 놀이 중 주사위 던지기, 뽑기, 사다리 타기 등을 활용합니다.

놀이 도와주기

양보하는 걸 어려워할 때

- 아이가 견딜 수 있는 시간만큼만 장난감을 빌려갔다가 바로 되돌려줍니다. 예를 들어 '다섯'을 셀 때까지 기다릴 수 있는 아이라면 '다섯'을 세는 동안만 장난감을 빌려갔다가 다시 되돌려줍니다. 이후 시간을 서서히 늘립니다.
- 몇 번 하고 빌려줄지 물으면 "100번" 등 터무니없는 횟수를 말하는 경우가 있습니다. 충분히 많이 하고 싶은 마음을 읽어주고 3~5번 중에서 적절한 횟수를 선택하도록 제안합니다.

지나치게 양보를 많이 할 때

아이가 가지고 있는 장난감을 더 가지고 놀고 싶은지 그만 놀고 싶은지 물어봅니다. "더 많이 가지고 놀고 싶었구나" 하며 아이가 자기 마음을 인식하도록 도와줍니다. 그리고 "내 거야"라고 말하는 것을 연습해봅니다.

'동서남북' 표현을 어려워할 때

동서남북 대신 ♥, ★, ◆, ♣ 등의 도형을 그려줍니다.

역할놀이를 시작해요

★ ★

 이 놀이를 추천하는 이유

❼ 미용실 놀이

- 사회적 역할(엄마, 아빠, 의사, 선생님 등)을 이해하고 배웁니다.
- 사회적 상황에 필요한 표현력을 배웁니다.
- 만들기 과정은 소근육 발달을 도와줍니다.
- 상상력과 창의력을 높여줍니다.

❽ 가게 놀이

- 사회적 상황을 역할놀이로 이해하고 배웁니다.
- 사회적 역할과 규칙을 배웁니다.
- 사회적 상황에 필요한 표현력을 배웁니다.
- 상황 대처 능력과 순발력을 키워줍니다.

정서와 사회성 발달을 위해 이렇게 놀아주세요

다양한 역할놀이 상황을 연출해주세요

이 시기의 아이는 상징에 대한 이해가 더욱 발달하여 사회적인 역할을 이해하고 놀이로 표현하기까지 합니다. 인형으로 의사와 환자 역할을 구분하고 의사가 진찰하면 환자는 아픈 곳을 이야기하거나 아픈 시늉을 할 수 있습니다. 또한, 또래들과 엄마, 아빠 역할을 나누어 소꿉놀이도 할 수 있습니다. 다양한 역할놀이를 통해 아이의 상상력을 증진하고 문제해결 능력을 키워주세요.

 ## 언어 발달을 위해 이렇게 놀아주세요

상황에 맞춰 적절하게 표현할 수 있게 도와주세요

이 시기의 아이는 서로 다른 사회적 역할을 이해하고 정해서 놀 수 있습니다. 예를 들어 가게 놀이할 때 손님과 주인 역할을 정할 수 있습니다. 역할에 맞춰 상황에 맞는 말을 표현할 수도 있습니다. 이처럼 아이는 사회적 역할놀이를 통해 좀 더 구체적으로 의사소통하고 상호작용을 하면서 언어가 발달합니다. 따라서 다양한 역할놀이할 때 상황에 맞게 표현할 수 있도록 도와주세요.

37~48개월
7

미용실 놀이

★ **놀이 분야** 정서와 사회성

★ **준비물** 휴지심(4~5개), 머리카락을 표현할 수 있는 다양한 꾸미기 재료(골판지, 색종이, 털실, 점토), 풀, 가위, 펜

★ **사전 준비** • 양육자와 아이 모두 심리적으로 편안한 상태에서 진행합니다.
　　　　　　　• 놀이 재료를 만들어야 하므로 시간을 충분히 가진 상태에서 합니다.

휴지심으로 손님 만들기

다양한 꾸미기 재료를 활용해 휴지심에 머리카락을 만들어 붙이고 표정을 그려서 다양한 얼굴을 만들어줍니다.

미용사 되기

아이는 미용사가 되어 다양한 휴지심 손님이 오면 상황에 맞는 표현을 합니다.
엄마가 손님 역할을 맡아 진행하면 더욱 재미있는 역할놀이가 됩니다.
엄마와 아이가 서로 역할을 바꾸어볼 수도 있습니다.
미용사 : "어서 오세요."
손님 : "머리카락 예쁘게 잘라주세요."
미용사 : "잠시만 기다리세요. 예쁘게 잘라줄게요."

싹뚝싹뚝 머리카락 자르기

종이로 만든 머리카락을 잘라줍니다.
털실로 만든 머리카락을 빗어주거나 묶어줄 수 있
습니다. 또는 다양한 재료로 액세서리를 만들어 꾸
밀 수도 있습니다.

감각통합 선생님 가위질할 때 머리카락 선을 직선뿐 아니라 구불구불, 지그재그 선으로 그리고 오려보게 하면 소근육 발달에 도움이 됩니다.

심리 선생님 역할놀이를 할 때 양육자가 다양한 상황을 연출해주면 아이의 상상력이 더욱 증진되고 문제해결 능력을 키울 수 있습니다. 예를 들어 머리를 자르고 있을 때 다른 손님을 등장시키거나 머리를 감겨 달라고 하거나 뽀글뽀글 파마머리로 만들어 달라고 요청해 봅니다.

놀이 확장하기

휴지심으로 하는 다양한 역할놀이

❶ 용감한 소방관

휴지심을 길게 이어 붙여 소방호스를 만듭니다. 아이는 소방관이 되어 불이 난 곳에 출동하고 불을 끄는 역할놀이를 합니다. 전화로 신고하고, 신고를 접수하는 놀이까지 확장할 수 있습니다.

❷ 악당 물리치기

휴지심을 이어 붙여 검으로 꾸미고 악당을 물리치는 영웅이 되어 싸워봅니다. 평소 아이가 좋아하는 만화 캐릭터로 역할을 구분하면 더욱 흥미를 느낄 수 있습니다.

놀이 도와주기

역할 인식을 어려워할 때

• 역할에 맞는 복장을 갖추어 시각적으로 구분되도록 합니다. 또는 역할을 표현한 그림이나 글을 머리띠로 만들어 쓰고 놀 수도 있습니다.

• 아이에게 익숙한 상황으로 시작해봅니다. 엄마, 아빠 놀이나 병원 놀이, 마트 놀이 등 자주 경험하고 친숙한 대상이나 상황으로 역할놀이를 합니다.

역할을 혼동할 때

아이가 자기 차례에 해야 하는 표현과 상대방이 해야 하는 표현을 혼동해 모방하는 경우가 있습니다. 예를 들어 "얼마인가요? 오천 원입니다"와 같이 질문과 대답을 혼자서 할 수 있습니다. 장난감 마이크나 펜을 활용하여 말해야 하는 대상을 지목해줌으로써 자기 차례와 역할을 인식하고 그에 맞는 표현을 하도록 도와줍니다.

가게 놀이

★ **놀이 분야** 정서와 사회성

★ **준비물** 모형 장난감(과일, 음식 등), 장난감 돈, 종이, 펜

★ **사전 준비** • 양육자와 아이 모두 심리적으로 편안한 상태에서 진행합니다.

  • 동네에 있는 가게를 떠올려보고 방문했던 경험을 떠올려봅니다.

가게 꾸미기

가게 이름을 아이와 상상해서 정하고 종이에 적어 간판을 만듭니다. 판매할 물건을 바닥이나 책상 위에 펼쳐둡니다.

가게 주인 되기

아이가 가게 주인이 되고 엄마가 손님이 되어봅니다. 아이가 손님을 맞이하고 물건을 계산해주는 등 자신의 역할에 맞는 행동을 해보도록 합니다.
"어서 오세요."
"오백 원입니다."
"안녕히 가세요."

손님 되기

아이가 손님이 되고, 아빠가 가게 주인이 되어봅니다. 아이가 물건을 구매하고 계산하는 등 자신의 역할에 맞는 행동을 해보도록 합니다.
"안녕하세요?"
"이거 주세요."
"얼마예요?"
"감사합니다."

바나나 주세요

전문가 TIP

(언어) **선생님** 역할에 맞춰 상황에 맞게 말하는 연습을 하면 요구하기, 반응하기, 주고받기, 대화하기 등 화용언어가 발달합니다.

(심리) **선생님** • 가게 꾸미기 놀이할 때 아이의 선호에 따라 다양한 식재료를 파는 마트가 되거나 장난감, 아이스크림 가게 등 다양한 가게 놀이를 할 수 있습니다.

• 역할놀이를 할 때 또래와의 관계에서는 같은 역할을 하고 싶어 하는 상황이 생길 수 있습니다. 순서 정하기, 양보하기, 가위바위보 등으로 갈등을 해결하는 다양한 방법을 양육자와 연습합니다.

• 양육자가 역할놀이에 참여하는 것이 부담스럽거나 불편한 감정이 들 때는 인형으로 대체해도 좋습니다.

 놀이 확장하기

❶ **정비소 놀이**
자동차를 고쳐주는 정비사가 되어봅니다. 실제 공구 장난감이 없다면 블록으로 대체해도 됩니다. 냉장고, 세탁기, 장난감 등을 고치는 수리기사가 되는 것도 좋습니다.

❷ **식당 놀이 :** 아이가 요리사가 되어 손님으로 온 양육자에게 음식을 만들어줍니다.

❸ **병원 놀이 :** 의사, 환자 역할을 나누어 진료하는 놀이를 합니다.

❹ **유치원 놀이 :** 선생님, 아이들 역할을 나누어 유치원 일과를 역할놀이로 합니다.

❺ **경찰과 도둑 놀이 :** 경찰, 도둑으로 역할을 나누어 도둑은 숨고 경찰은 잡는 역할놀이를 합니다.

놀이 도와주기

상황에 맞는 표현을 하기 힘들어할 때

아이의 역할을 양육자가 먼저 시범을 보여줍니다. 또는 아이가 해야 하는 표현을 양육자가 대신 말해주고 그대로 모방하도록 합니다. 예를 들어 아이가 "얼마예요?"라고 물어봐야 할 때 양육자가 "얼마예요?"라고 대신 말해주고 아이가 그대로 따라 하도록 합니다.

역할 바꾸기를 거부할 때

아이가 그 역할을 통해 무엇을 얻고자 하는지 살펴봅니다. 유능감을 느끼고 싶어 하는 아이는 환자보다 의사 역할을 계속하고 싶어 할 수 있습니다. 또는, 계산하거나 무언가를 만들고 수행하는 것이 재미있어서 가게 주인만 하고 싶어 할 수도 있습니다. 역할에 대해 충분히 인지하고 있다면 아이가 원하는 역할을 충분히 하게 해줍니다.

단순 모방놀이, 상징놀이에서 확장을 어려워할 때

역할놀이를 스크립트로 제시합니다. 연극의 대본처럼 역할놀이의 순서와 대사를 정해두고 반복해서 익히도록 합니다. 스크립트를 외워서 놀이를 진행할 수 있게 되면 다른 역할놀이 스크립트를 제시하거나 연습한 스크립트에서 약간 변화를 주어 상황의 다양성을 익히도록 도와줍니다.

장애물을 통과할 수 있어요

★ ★

 이 놀이를 추천하는 이유

❾ 마스킹 테이프 놀이

• 신체 활동은 대근육 발달을 도와줍니다.

• 장애물 활동과 율동 활동은 시지각 능력과 운동계획 능력을 길러줍니다.

❿ 장애물 탈출 놀이

• 신체 활동을 통해 대근육 발달을 도와줄 수 있습니다.

• 스스로 장애물을 구성하는 활동을 통해 조직력, 자신감, 문제해결 능력을
  길러줍니다.

감각과 신체 발달을 위해 이렇게 놀아주세요

놀이터에 자주 데려가 놀아주세요

이 시기의 아이는 균형감각이 발달하고 움직임이 민첩해집니다. 점프하기와 뛰어내리는 행동도 자주 합니다. 균형감각이 발달하면서 한 발로 잠깐 서 있는 것도 할 수 있으며 평균대를 걸을 수도 있습니다. 또한, 달리다가 갑자기 멈출 수도 있어서 잡기 놀이를 좋아하는 시기입니다. 이 시기에 놀이터는 발달에 꼭 필요한 중요한 장소입니다. 특히 놀이터의 기구들(그네, 미끄럼틀, 시소 등)은 신경계의 욕구를 채워주기 때문에 아이들이 즐거워합니다. 바깥 활동이 가능하다면 자주 놀이터에 데려가 놀아줍니다.

신나는 노래에 맞춰 함께 율동해주세요

이 시기에는 시범을 보여주면 발끝으로 걸을 수 있습니다. 때로는 크게 혹은 작은 걸음을 따라 해볼 수도 있고 최대 5가지 율동을 할 수 있습니다. 신나는 노래에 맞춰서 아이와 재미있는 율동을 함께 합니다. 함께 춤추고 신체를 조절해보는 경험을 쌓으면서 가족 간의 유대감도 높일 수 있습니다. 단체 활동으로 하는 율동은 선생님의 언어 지시를 따르고 차례를 지킬 수 있도록 도와줘서 언어와 사회성 발달을 도와줍니다.

마스킹 테이프 놀이

★ **놀이 분야**   감각통합

★ **준비물**   마스킹 테이프, 콩주머니, 작은 공

★ **사전 준비**   층간 소음과 부상을 방지하기 위해 매트를 깔아줍니다.

마스킹 테이프 길 건너가기(점프하기)

마스킹 테이프를 바닥에 일자로 붙입니다. 엄마가 먼저 테이프 선을 밟으며 걷는 모습을 보여주고 아이도 건너보게 합니다. 일자 건너기를 연습한 후 S자 모양, V자 모양, 지그재그 모양 등을 만들어서 건너봅니다.

"우리 정우가 테이프만 밟고 건너볼까?"

"꼬불꼬불한 길도 한번 건너보자."

출발선을 만들어 아이와 함께 멀리뛰기를 합니다.

"준비! 누가 멀리 뛰나, 시작!"

마스킹 테이프 과녁 맞추기

마스킹 테이프로 바닥에 사각형 모양의 타깃을 만들어주고 숫자도 표시합니다. 아이와 출발선에 서서 콩주머니나 작은 공을 이용해서 바닥에 있는 타깃을 맞추면 됩니다.
"지금부터 과녁 맞추기 게임을 해볼 거야."
"우리 정우가 3점을 맞췄네. 대단하다!"

춤추다가 원으로 들어가기

마스킹 테이프를 이용해 놀이를 하는 사람의 수보다 적은 수의 원을 만듭니다. 신나는 음악에 맞추어 자유롭게 움직여도 되고 엄마의 율동을 따라 해보는 등 다양한 움직임으로 춤을 춥니다. 음악이 꺼지면 빨리 원 안으로 들어가야 되며 들어가지 못하면 탈락하게 됩니다.
"정우랑 신 나게 춤을 출 거야."
"음악이 멈추면 빨리 동그라미 안에 들어가야 돼."
"날 따라 해봐요, 이렇게~."

언어 선생님 아이에게 놀이 방법을 설명하기 전에 준비된 상태나 재료를 가지고 아이와 어떻게 놀면 좋은지 이야기를 나눠봅니다. 또는 일부러 문제 상황(테이프 끊어서 점선으로 붙이기 등)을 만들어서 아이가 직접 해결하도록 기회를 제공합니다. 놀이 방법을 생각하고 문제를 해결하면서 아이의 추론 능력이 키워집니다.

감각통합 선생님
• 놀이한 후 테이프를 떼는 활동도 놀이가 됩니다. 되도록 아이가 즐겁게 뗄 수 있도록 도와줍니다.
• 과녁 맞추기 놀이할 때 콩주머니나 작은 공이 없을 때는 양말을 말아서 사용합니다.

 ## 놀이 확장하기

❶ 점프하기
마스킹 테이프로 세모, 네모, 동그라미 도형을 여러 개 만들어 같은 도형끼리 점프하기를 해봅니다. 같은 색깔끼리 점프하기도 좋습니다. 한 발 뛰기, 점핑잭 뛰기 등 다양한 방법으로도 점프를 해봅니다.

❷ 분류하기
마스킹 테이프로 세모, 네모, 동그라미 도형을 만들고, 집 안에 있는 물건을 가져와 같은 모양끼리 분류해봅니다.

❸ 길찾기
각각 다른 색의 마스킹 테이프를 서로 엇갈려 길을 만들고 길찾기를 합니다.

놀이 도와주기

두 발로 점프하지 못할 때

양육자가 두 발로 뛰는 모습을 충분히 보여주며 준비합니다. 아이의 무릎을 살짝 굽히게 한 다음 아이의 손이나 골반을 잡고 살짝 위로 올려주며 움직임을 익히게 합니다. 트램펄린을 이용해도 좋습니다.

선을 잘 보지 못하고 지나칠 때

양육자는 아이가 선을 보며 건널 수 있도록 테이프 선을 가리키면서 단서를 제공합니다. 발바닥에 촉각을 느낄 수 있는 재료를 이용해서 건너보기를 도와줍니다. (예) 종이벽돌, 스펀지)

잠깐 쉬어가기

최고의 감각통합 놀이터는 자연

흔들기, 미끄럼타기, 점프하기 등의 적극적인 활동은 아이의 발달에 긍정적인 영향을 줍니다. 이러한 활동에 아이마다 반응이 다릅니다. 기질적으로 새로운 활동에 적응하는 기간이 짧은 아이도 있지만 오래 걸리고 또 조심성이 많은 아이도 있습니다. 하지만 이러한 활동의 경험을 주기적으로 주었는데도 극도의 불안감이나 공포감을 계속해서 보인다면 아이가 전정감각 처리와 움직임 조절에 어려움이 있다는 신호입니다.

전정감각은 몸의 위치 변화와 자극을 느끼는 감각으로 균형을 잡는 데 아주 중요한 역할을 합니다. 전정감각 처리가 어려운 아이는 신체적 불안뿐만 아니라 정서적으로도 불안감이 높아질 수 있습니다. 따라서 아이가 전정감각 처리에 어려움이 있다면 전문가와 상담을 병행하며 자연에서 많이 놀게 해줍니다. 자연은 울퉁불퉁한 길이나 경사로 등에서 자연스럽게 몸을 조절하게 할 뿐 아니라 시각, 청각, 후각, 촉각 등 다양한 감각을 사용할 수 있는 환경이기 때문입니다.

장애물 탈출 놀이

★ **놀이 분야** 감각통합

★ **준비물** 집에 있는 다양한 물건, 책, 매트, 의자, 종이블록, 종이컵, 색종이 등

★ **사전 준비** • 층간 소음과 부상을 방지하기 위해 매트를 깔아줍니다.

  • 장애물에 사용할 재료를 아이와 함께 정해서 준비합니다.

  단, 활동 시 깨지거나 부서질 수 있는 재료는 피합니다.

게임 재료 구하기

엄마와 아이가 집에 있는 물건 중 건너거나 통과할 수 있는 재료를 함께 이야기하면서 찾아봅니다.

"정우랑 우리 집에 있는 걸로 통과하기 놀이를 해 볼 거야."

"어떤 걸로 장애물을 만들면 좋을까? 같이 찾아보자."

장애물 구성하기

아이 스스로 장애물을 구성하도록 도와줍니다.
아이가 어려워하면 조금 도와줍니다.
"책으론 어떻게 만들어볼까?"
"종이컵이 길이 되었구나. 멋지다."

장애물 건너기

아이와 경쟁하는 게임 또는 구출해주는 상상놀이를 하면서 장애물을 통과하도록
도와줍니다. "정우가 인형을 구해주러 가는 거야."
"매트 밑으로 지나가려면 어떻게 하면 좋을까?"
"바다에 빠지지 않게 조심해서 건너자."
"도착! 우리가 인형을 구해줬어. 최고다!"

선생님 · 신체 활동을 준비할 때 양육자와 묻고 대답하는 과정에서 아이가 생각하는 힘을 키울 수 있도록 도와줍니다.

· 아이와 장애물을 만들 때 위치나 크기 등과 관련된 것을 복합적인 문장으로 표현해줍니다. 예를 들어 "의자 옆에 종이컵을 길게 연결했네", "종이컵 길을 끝까지 따라 가서 색종이 위를 밟는 거구나"처럼 표현합니다. 이때 아이의 개월 수나 언어 수준을 고려해 문장의 길이를 조절합니다.

· 언어 발달이 느리다면 지시사항을 연속해서 주기보다는 한 가지씩 제시해서 수행하게 합니다.

 선생님 · 점프하기, 기어가기, 장애물 넘어가기, 균형 잡기 등 다양한 움직임이 나올 수 있는 활동으로 구성합니다.

· 장애물의 결승점에서 물건이나 간식을 획득하게 하는 것도 좋은 방법입니다.

 선생님 · 활동할 때 재미있는 상황을 상상해보며 참여하게 하면 창의력을 길러줄 수 있습니다.

· 경쟁하는 놀이로 진행한다면 "준비-시작"에 맞춰서 출발하기, '끝까지 건너가야 보상물 획득'과 같이 규칙을 아이와 함께 정합니다. 그렇게 규칙을 지키고 또 상의하여 규칙을 변경하는 경험을 해보게 합니다.

놀이 확장하기

❶ 장애물의 개수를 늘려가며 통과할 수 있도록 합니다.

❷ 색종이를 이용한다면 아이의 손과 발 모양을 색종이에 그려서 바닥에 붙인 후 아이가 색종이에 그려진 그림의 신체 부위를 터치하며 지나갈 수 있도록 합니다. 이때 화살표를 그려줘도 좋습니다.

 ## 놀이 도와주기

장애물을 잘 보지 못하고 지나칠 때

• 먼저 양육자가 건너는 모습을 보여줍니다. 그러고 나서 아이가 잘 건널 수 있도록 장애물을 직접 가리키면서 단서를 제공해줍니다.

• 장애물을 통과할 때 중간 과정을 빼먹고 결승점에 갈 수도 있습니다. 아이가 자주 지나치는 지점에서 장애물 이름을 말하며 소리로 단서를 제공해줍니다.

• 장애물의 수를 줄여서 아이가 잘 지나갈 수 있도록 도와줍니다.

37~48개월에 이런 점이 궁금해요

언어 선생님이 답하다!

발달이 느린 아이는 어느 교육기관이 좋을까요?

한국 나이 5세(36개월 이후)가 되면 교육기관을 선택할 수 있는 폭이 넓어집니다. 일반 어린이집이나 일반 유치원 외에도 영어유치원, 놀이학교, 숲유치원 등 교육기관의 목적과 스타일에 따라 교육기관이 나뉩니다.

어린이집과 유치원			
구분	기관	어린이집	유치원
공통점	교육방법	누리과정 중심의 교육 (누리과정 : 만 3~5세 유아에게 공통적으로 제공하는 표준 교육, 보육 과정)	
	교육비	교육비 지원(기관 특성별로 금액의 차이는 있음)	
	소속	보건복지부	교육부
차이점	대상	영유아(0~7세)	유아(5~7세)
	운영시간	종일제 / 야간보육	반일제 / 종일제
	운영기간	공휴일을 제외한 평일	수업일 180일 이상
	교사자격	보육교사(보육교사 자격증)	정교사(유치원 정교사 자격증)

발달이 느리다면 개별화 교육을 받을 수 있는 기관을 선택할 수 있습니다.

구분 \ 기관	개별화 교육기간		
	장애전담 어린이집	어린이집 장애통합반	유치원 특수반
교사 : 아이 비율	1 : 3	1 : 3	1 : 4
특징	· 장애진단을 받은 아이들로 이루어짐 · 개별 교육/치료에 대한 지원이 체계적이고 다양함 (기관에 따라 차이가 있음)	· 일반반에 통합되어 교육 받을 수 있음 · 장애진단을 받지 않아도 교육 지원을 받을 수 있음	· 특수반이 따로 구성되어 개별화 교육을 받음. 원내 상황에 따라 동일 연령 반에 통합되어 활동을 진행하기도 함 · 특수교육 대상자로 선정 · 교육부 바우처 제공
입소자격 기준	장애진단 또는 의사소견서	장애진단 또는 의사소견서	장애진단 또는 의사소견서
정보/ 관할 기관	아이사랑 (www.childcare.go.kr)	아이사랑 (www.childcare.go.kr)	시도교육청 특수교육지원센터 (거주지 기준)

교육기관을 선택하는 기준은 거리나 교육기관의 스타일, 규모, 인지도 등 다양하지만 가장 중요한 것은 내 아이의 기질이나 성향에 맞는 곳을 고르는 것입니다.

발달이 느리다면 개인적인 역량을 늘릴 수 있는 치료 교육에 목적을 둘 것인지, 소그룹으로 지원을 받으면서 사회성을 함께 키워나갈 것인지를 고려해야 합니다. 이때 아이의 현행 수준을 잘 파악해 그에 맞는 환경적인 지원을 해줍니다.

때리고 죽이고 부수는 놀이, 어디까지 허용해야 하나요?

아이들이 공격적인 놀이를 하면 양육자는 불쑥 불안해집니다. "저건 나쁜 행동이야"라며 당장 그 놀이를 멈추게 하고 옳은 행동으로 가르치려 했다가, 한편으로 '놀이니까 괜찮지 않을까?' 싶어서 멈추는 등 혼란스러워합니다.

아이가 공격적인 놀이를 하는 데에는 다양한 이유가 있습니다. 먼저 아이가 놀이할 때 '이 놀이를 통해서 무엇을 표현하고 있는가?'를 관찰해봅니다.

놀이할 때 자아 강도가 약한 아이는 힘세고 강한 대상으로 등장하여 자신의 힘이나 존재를 확인하려 하고 불안이 높은 아이는 힘을 발휘해 주변을 통제하면서 안정감을 느끼려 합니다. 또는 내면의 화, 분노를 발산하는 경우도 있습니다.

'공격성'이란 말이 부정적으로 들릴 수 있지만 공격성은 때로는 나를 보호하는 힘이 되기도 하고 또는 무언가를 성취하기 위한 동력이 되기도 합니다. 따라서 양육자는 아이가 놀이를 통해 공격성을 안전하게 표현하도록 도와주는 역할을 해야 합니다. 이는 양육자가 놀이 대상이 되어주면서도 실제로 상대방을 때리거나 다치게 하는 행동이나 물건을 던지는 행동, 욕설 등에는 분명한 제한을 해야 한다는 뜻입니다.

발달센터의 놀이치료실에서도 아이들은 놀이치료사를 칼이나 총으로 죽이고, 독약을 타서 먹이고, 대결하며 때리는 시늉도 합니다. 놀이치료사는 아이가 마음을 잘 표현하도록 악당이 되어주기도 하고, 수없이 죽었다가 다시 살아나기도 합니다. 그러면서도 분명한 제한을 두며 안전하게 놀이하도록 도와줍니다. 비슷해 보이는 놀이여도 아이마다 다른 마음이 담겨 있습니다. 그 마음을 잘 들여다봐 보고 다독이는 것이 중요합니다.

아이가 자주 넘어지는데 이유가 뭘까요?

37~48개월이 되면 아이들은 잘 달릴 수 있고 균형감각도 발달합니다. 그런데 또래보다 자주 넘어지고 놀이기구 탈 때도 왠지 위태로워 보이고 무엇을 해도 쉽게 지치는 아이가 있습니다. 이유는 다음과 같습니다.

첫째, 근력과 근 긴장도가 부족합니다.

자세와 움직임에 관련된 근 긴장도와 근력이 부족한 아이는 근육이 흐늘흐늘한 경우가 많고 힘이 없어 보입니다. 중력에 대항해 머리와 몸을 똑바로 유지하는 것도 노력이 필요하기에 금세 피로해집니다. 책상 앞에 앉아 있을 때는 머리를 손이나 팔 위에 올려놓습니다. 자주 쉬지 않으면 안 되고, 서 있는 것도 힘들어서 벽이나 기둥에 기대기도 합니다.

둘째, 눈과 신체의 협응과 시각 인지에 어려움이 있습니다.

사물의 위치 관계나 움직이는 방향 등의 정보를 정확하게 인식하고 판단하는 데 상당한 시간이 걸리는 아이는 자주 넘어지곤 합니다.

셋째, 운동 순서나 계획을 세우는 데 어려움이 있습니다.

동작을 예측하거나 순서대로 행동하는 것이 어렵습니다. 자신이 움직인 후 균형이 무너졌을 때 왜 무너졌으며, 어떻게 바로잡으면 되는지를 알지 못합니다. 이런 문제로 인해 자주 넘어지고 운동 발달이 느린 아이는 근육의 힘을 기를 수 있는 다양한 놀이와 장애물 활동을 통해 협응 능력을 높여야 합니다. 이때 그네, 트램펄린, 평균대, 사다리 등을 활용한 놀이가 좋습니다.

이외에도 자주 넘어지는 아이는 신발 선택에도 신경 써야 합니다. 무거운 신발이나 밑창이 딱딱한 구두보다는 가볍고 쿠션감이 있는 운동화를 신겨줍니다.

49~60개월
성장 발달 놀이

49~60개월에는 이런 걸 할 수 있어요

 감각통합 신체 발달

- 발끝으로 서고 뛰기도 합니다. (49개월)
- 발을 바꿔가며 사다리를 오르고 내려갑니다. (49개월)
- 일곱 조각 퍼즐을 완성합니다. (52개월)
- 가위로 네모, 원을 자릅니다. (53개월)
- 머리, 눈 두 개, 팔, 다리, 몸통으로 된 완전한 사람을 그립니다. (54개월)
- 세모를 그립니다. (60개월)
- 혼자서 줄넘기를 한 번 정도 합니다. (60개월)
- 보조 바퀴가 달린 두발자전거를 탑니다. (60개월)
- 평균대에서 앞, 뒤, 옆으로 걸어갑니다. (60개월)

 심리 정서와 사회성

- 할 수 있는 행동과 하면 안 되는 행동을 인지합니다.
- 숨바꼭질 혹은 술래잡기와 같이 규칙이 있는 놀이를 또래와 함께합니다. (54개월 이후)
- 경쟁심이 높아지고 경쟁 놀이를 즐깁니다.

- 화를 내는 대신 선생님께 도움을 청하는 등 다른 방법으로 문제를 해결합니다.
- 다른 사람의 감정을 이해합니다.

언어 언어 발달

수용언어

- 단체 생활에서 지시를 듣고 수행, 해결할 능력이 빌딜합니다.
- 일이 일어난 순서를 이해합니다.
- 추상적 개념을 이해합니다. (예 낮/밤, 계절, 어제/오늘/내일, 전/후)
- 수수께끼, 비유, 간단한 농담 등 숨은 의도나 의미를 파악합니다.

표현언어

- 문법 규칙(시제, 조사, 접속사)이 정교해집니다.
- 대화할 때 모든 의문사 사용이 가능합니다.
- 문장과 문장을 연결해서 이야기를 만듭니다.
- 말로 대화하며 상호작용이 원활해집니다.
- 자음은 90% 정도 정확하게 말합니다.

협동놀이를 시작해요

★ ★

 이 놀이를 추천하는 이유

❶ 종이컵 놀이

• 하나의 목표를 이루기 위해 협동합니다.

• 함께 협동하면서 사회적 소속감이 발달합니다.

• 활동하면서 의견 주고받기, 도움 주고받기 등을 배웁니다.

• 목표를 이루어 성취감을 경험합니다.

• 협동놀이의 즐거움을 배웁니다.

• 신체 조절 능력을 기릅니다.

• 성공과 실패 경험으로 감정 조절 능력을 기릅니다.

❷ 모두 함께 놀이

• 함께 하나의 목표를 이루기 위한 협동심을 기릅니다.

• 다양한 신체 활동은 대근육 발달을 도와줍니다.

• 의견 주고받기, 도움 주고받기 등을 연습합니다.

• 목표를 이루어 성취감을 높여줍니다.

• 협동놀이의 즐거움을 배웁니다.

정서와 사회성 발달을 위해 이렇게 놀아주세요

여럿이 함께하는 놀이로 협동심과 사회성을 키워주세요

혼자 하는 놀이를 좋아하면서도 또래와 서로 역할을 나누고 공동의 목적을 이루기 위해 협동하기도 합니다. 소속감이 발달하여 자신이 속해 있는 집단을 인식하고 참여합니다. 또한, 놀이를 이끄는 리더가 등장하기도 합니다. 또래와 함께 놀 기회를 만들어주거나 간단한 규칙이 있는 보드게임을 시작해보세요.

 ## 감각과 신체 발달을 위해 이렇게 놀아주세요

신체 활동으로 사회성을 길러주세요

이 시기에는 여러 명이 함께하는 게임 활동을 좋아합니다. 전통놀이부터 체육 활동까지 신체 활동을 통해 규칙과 경쟁, 협동 등 다양한 사회적 기술을 습득할 수 있습니다.

 ## 언어 발달을 위해 이렇게 놀아주세요

단체생활로 대화의 기술을 늘려주세요

단체활동을 하면서 새로운 방법을 함께 찾아내거나 제안하며 대화로 상황을 해결해 나가는 연습을 합니다. 질문하기와 사물이나 사건에 관해 구체적 표현하기가 가능합니다. 아이가 또래와 관계를 맺고 사회성과 관련된 화용언어 능력을 향상할 수 있도록 도와줍니다.

종이컵 놀이

★ **놀이 분야** 정서와 사회성

★ **준비물** 종이컵, 고무줄, 끈, 공(종이컵에 들어갈 수 있는 크기)

★ **사전 준비** • 가족 구성원 모두가 참여합니다.

• 끈을 인원수에 맞춰 고무줄에 적당한 간격으로 묶습니다.

종이컵을 뒤집어서 끈이 묶인 고무줄을 끼워서 식탁에 미리 놓아둡니다.

• 식탁이나 원탁 주변을 안전하게 정리합니다.

> **종이컵 이동하기**

엄마, 아빠, 아이가 끈을 잡아당기거나 놓으면서 고무줄의 모양이 변하는 것을 연습합니다. "한번 연습해보자. 같이 맞춰서 줄을 잡아당기고 놓아보자." 끈을 잡고 함께 종이컵을 잡았다가 놓았다가를 반복해서 연습합니다. 본격적으로 종이컵을 이동시킵니다. "우리 함께 줄을 당겼다 놓으면서 종이컵을 잡자. 그리고 옮겨보는 거야."

협동하여 성공하기

목표를 정하고 다 함께 힘을 합쳐 목표를 성공시킵니다.

- 종이컵 쌓기 : 바닥에 놓인 종이컵을 옮겨서 다른 종이컵 위로 쌓습니다.
- 종이컵 피라미드 쌓기 : 바닥에 놓인 뒤집어진 종이컵 여러 개를 옮겨서 피라미드를 쌓으면 성공!
- 종이컵으로 공 옮기기 : 종이컵에 공을 담습니다. 종이컵 안에 든 공을 다른 종이컵으로 물 따르듯이 옮기면 성공!

 놀이 확장하기

❶ 고양이와 생쥐 놀이

협동하여 목표를 이루는 놀이 외에도 함께 규칙을 이해하고 경쟁하는 놀이를 해볼 수 있습니다. 종이를 작게 접고 끈으로 묶어 끝을 길게 늘어뜨린 후 방석이나 쿠션 위에 올려둡니다. 그리고 고양이와 생쥐로 역할을 나눕니다. 생쥐는 끈을 잡아당겨 종이를 빼내야 하고 고양이는 냄비 뚜껑을 덮어서 종이를 잡아야 합니다.

❷ 풍선 옮기기

한 장의 종이 위에 풍선을 올리고 양쪽에서 두 사람이 종이 양끝을 잡고 이동합니다. 풍선을 떨어뜨리지 않고 반환점을 돌아서 오면 성공!

언어 선생님 • 놀이를 어려워한다면 먼저 아이가 위축되지 않도록 지지해준 후 단계별로 다른 방법을 제안하거나 조율하는 모습을 모델링합니다.

• 문제가 생겼을 때 서로 대화하며 해결 방법을 찾는 과정은 사회성에 필요한 화용언어 기능(수용하기, 설명하기, 제안하기, 주장하기, 대답하기 등)을 발달시켜줍니다.

 감각통합 선생님 종이컵 이동하기 놀이는 소근육 발달뿐 아니라 시각 운동과 공간지각에 관련된 시지각 발달도 도와줍니다.

 심리 선생님 • 아이가 실패했을 때 크게 좌절하거나 소근육 조절을 어려워한다면 연습 시간을 충분히 가집니다.

• 아이의 수행 수준에 따라 종이컵 개수를 늘리거나 줄이면서 난이도를 조절합니다.

놀이 도와주기

공동의 목표를 잘 이해하지 못할 때

• 언어와 인지적인 개념을 이해하고 있는지 확인합니다. 양육자가 목표 행동을 시각적으로 보여주며 이해를 도와줍니다.

• 목표를 단순화합니다. 예를 들어 고무줄 늘렸다 놓기, 종이컵 잡았다 놓기 등으로 목표를 작게 설정하고 제시합니다. 점차 목표를 묶어 제시합니다.

• 혼자 자기 방식대로만 하려고 하면 '같이' 하는 활동임을 강조해서 설명합니다.

> 종이컵 한 개만 놓아보자

모두 함께 놀이

★ **놀이 분야**   감각통합

★ **준비물**   마스킹 테이프, 종이, 공, 바구니

★ **사전 준비**   • 다양한 활동을 할 수 있는 넓은 공간에서 준비합니다.

                 • 층간 소음과 부상을 방지하기 위해 매트를 깔아줍니다.

손 잡고 길 통과하기

엄마가 미리 마스킹 테이프로 두 가지 길을 붙여서 만들어둡니다. 아이와 함께 마주보고 손을 잡고 옆으로 걸으며 길을 통과해봅니다. 이때 도착할 때까지 손을 놓치면 안 됩니다.

"민서랑 손을 잡고 길을 통과할 거야."

"도착할 때까지 손을 놓으면 안 돼."

"속도를 맞춰서 함께 가자."

징검다리 만들기

종이를 참가자보다 하나 더 많은 개수로 준비합니다. 아이와 엄마, 아빠가 일렬로 서서 차례를 정합니다. 맨 앞에 선 사람 앞에는 빈 종이를 놓고 나머지 사람들은 발 밑에 종이를 밟고 일렬로 서서 준비합니다.

놀이 방법은 앞에 있는 종이를 밟으며 앞으로 이동하는 것입니다. 맨 앞의 사람이 앞으로 이동하면 뒤의 사람이 연달아 앞으로 이동합니다.

맨 뒤의 사람이 밟고 있던 종이를 앞사람에게 손으로 전달하고 맨 앞 사람이 그 종이를 바닥에 놓아서 징검다리를 이어갈 수 있습니다.

"우리 민서와 징검다리를 만들어서 건너갈 거야."

"다리가 끊어져 있어서 우리가 징검다리를 만들면서 앞으로 가야 해."

"종이를 앞으로 넘겨줘. 건너가자."

손 안 쓰고 공 옮기기

엄마와 아이가 손을 쓰지 않고 공을 바구니에 옮길 수 있는 방법을 함께 의논해봅니다.
(예 등으로, 발로, 머리로)

"손을 쓰지 않고 공을 어떻게 함께 옮기면 좋을까?"

"서로 등으로 공을 잡아서 옮기는 것도 좋을 것 같아. 정우 생각은 어때?"

놀이 확장하기

❶ 막대기 떨어트리지 않기
나무젓가락 한 개를 준비합니다. 양육자와 아이가 나무젓가락의 양 끝을 각각 손가락으로 잡고 떨어트리지 않게 집안을 걸어다닙니다.

❷ 2인 3각 경기
양육자와 아이의 다리를 묶고 출발점에서 도착점까지 걸어갑니다.

❸ 천 썰매
얇은 천에 아이를 앉히고 썰매처럼 끌면서 다닙니다. 형제와 함께해도 좋습니다.

 ## 놀이 도와주기

마주보고 선 따라 걷기를 어려워할 때
마스킹 테이프 길을 한 개 만들어 놓고 아이와 손을 잡고 옆으로 천천히 움직여서 통과해봅니다.

몸으로 공 옮기는 것을 힘들어할 때
도구(박스, 천 등)를 이용해 공을 옮기는 방법으로 난이도를 조절해줍니다.

언어 선생님 놀이 도구를 놓고 아이와 해결 방법을 찾는 활동은 아이의 생각을 키우고 문제해결 능력을 키워줍니다. 의견이 미숙하더라도 아이가 경험해보고 다시 해결 방법을 찾을 수 있도록 도와줍니다.

감각 통합 선생님 여럿이 함께 움직이는 활동은 아이에게 익숙한 움직임이 아닙니다. 협동 활동을 경험하면서 새로운 활동을 계획하고 수행하는 실행력과 운동 계획 능력을 향상하도록 도와줍니다.

심리 선생님 아이가 경쟁심이 높아져서 반칙을 사용하려고 할 수도 있습니다. 이때는 먼저 동작이 숙달되도록 '연습 시간'을 충분히 가집니다. 동작을 수행하는 데 어려움이 없다면 규칙을 지켜서 하도록 설명하고 졌을 때는 아이의 감정을 읽어주고 공감해줍니다.

잠깐, 쉬어가기

아이가 단체 활동을 힘들어한다면

아이 중에 자기중심적인 놀이만 좋아하고 양육자가 제안하는 활동이나 또래와의 놀이는 힘들어하는 경우가 종종 있습니다. 아이가 좋아하는 것만 시키고 힘들다면 바로 도와주기보다 스스로 문제 상황을 해결해보고 만족 지연을 하도록 해주세요. 그래야 자율성과 자기 조절 능력이 자라나고 단체 생활도 잘 할 수 있게 됩니다.

　이럴 때는 아이가 조금이라도 참아보려고 하거나 규칙을 지키려고 할 때 적극적인 칭찬과 격려를 하면서 규칙을 구체적으로 알려줍니다. "엄마 차례에 잘 기다려줘서 엄마가 너무 기뻐", "엄마와 이 활동을 10분 동안 하고 다음에 네가 하고 싶은 놀이를 할 거야"와 같이 말해줍니다. 아이의 내적 동기를 높여주고 어떤 행동이 되고, 안 되는지에 대해 경험하도록 도와줍니다.

문제해결 능력이 높아져요

★ ★ ★ ★ ★ ★ ★ ★ ★ ★ ★ ★ ★ ★ ★ ★ ★ ★ ★

 ## 이 놀이를 추천하는 이유

③ 보물찾기 놀이

- 다양한 상황을 간접적으로 경험합니다.

- 문제해결 능력을 길러줍니다.

- 협동을 통해 자기 역할을 알고 공동의 목표를 인식합니다.

- 사회적 규칙(역할 나누기, 차례 지키기, 규칙 인식하고 따르기)을 배웁니다.

④ 동물 맞추기 놀이

- 동물의 특징을 배웁니다.

- 문제를 해결하는 능력과 순발력이 길러집니다.

- 관찰력과 표현력, 유추하는 능력이 길러집니다.

- 각자의 역할을 구분하고 공동의 목표를 수행하는 협동력이 증진됩니다.

정서와 사회성 발달을 위해 이렇게 놀아주세요

스스로 자기 일을 처리할 수 있도록 격려해주세요

이 시기의 아이는 사회적 경험이 쌓이면서 문제 상황에 따라 대처하는 능력이 증진됩니다. 예를 들어 높은 곳에 있는 물건을 꺼내기 위해 의자를 사용하거나 또래 관계에서 문제가 생겼을 때 해결 방법을 찾을 수 있습니다. 자신의 행동에 따라 어떤 결과를 보일지 예측하고 행동할 수도 있습니다. 스스로 문제를 처리할 수 있도록 격려해주세요.

 ## 언어 발달을 위해 이렇게 놀아주세요

대화를 통해 다양한 상황의 문제를 해결하도록 도와주세요

아이는 자신이 습득한 경험과 지식을 가지고 생각을 확장하며 주어진 상황을 해결할 수 있습니다. (예 비교하기, 연상하기, 유추하기, 예상하기, 추론하기)

많은 경험과 자극은 문제해결 능력을 키우는 좋은 밑거름입니다. 양육자는 아이에게 충분한 관심을 가지고 대화하면서 다양한 상황에서 여러 가지 방법으로 문제를 해결할 수 있도록 적극적으로 도와줍니다.

감각과 신체 발달을 위해 이렇게 놀아주세요

운동 계획 능력을 향상하도록 다양한 신체 활동으로 놀아주세요

운동 계획은 복잡하고 익숙하지 않은 새로운 운동을 뇌에서 계획하고 수행하는 능력을 말합니다. 이런 능력은 신체에 대한 인지와 움직임에 관련된 감각의 통합, 시공간 감각과 언어 발달이 충분히 이루어져야 할 수 있습니다. 양육자는 아이가 몸을 움직이는 신체 활동을 통해 다양한 경험을 충분히 쌓을 수 있도록 도와줍니다.

보물찾기 놀이

★ **놀이 분야**   정서와 사회성

★ **준비물**   종이, 펜, 그림, 보상물(가벼운 간식, 선물 등)

★ **사전 준비**   • 보물을 숨길 만한 장소에서 진행합니다.

　　　　　　• 보물을 숨기거나 찾을 때 위험한 물건은 치워둡니다.

　　　　　　• 다양한 상황이 적힌 종이를 미리 준비합니다.

　　　　　　• 모든 미션을 수행했을 때 줄 가벼운 선물(간식 등)을 준비합니다.

문제 상황 만들기

종이에 각각의 문제 상황을 적은 후 작게 접어줍니다. 예를 들어 다음과 같은 문제 상황을 적어볼 수 있습니다.

❶ 마트에서 엄마를 잃어버렸습니다.

❷ 친구와 놀고 싶은데, 나와 친구가 하고 싶은 놀이가 다릅니다.

❸ 그네를 타려고 줄을 서 있는데 모르는 친구가 새치기를 합니다.

❹ 내가 제일 좋아하는 젤리를 놀이터 바닥에 흘렸습니다.

❺ 같은 반 친구가 "정우랑 놀지 말자"라고 말합니다.

숨겨둔 보물찾기

아이가 눈을 감고 있는 동안 엄마는 작게 접어둔 종이를 숨깁니다. 종이를 모두 숨긴 후에 아이는 종이를 찾습니다.

"이 종이가 보물이야. 엄마가 보물을 숨겨볼게. 눈 감고 20까지 세어줘."

문제 상황 해결하기

아이는 보물을 찾을 때마다 종이에 적혀 있는 '문제 상황'에 관한 해결책을 2가지 제시해야 합니다. 문제 상황을 해결해준 보물이 3개 이상 모인 경우 선물을 획득합니다.

"그네를 타려고 줄 서 있는데 친구가 새치기하면 어떻게 하지?"

"'내 차례야' 하고 말해요."

"그래, 또 어떻게 할 수 있을까?"

"미끄럼틀을 타면 돼요."

선생님 상황에 따른 원인과 결과를 생각해보는 과정을 통해 인과관계나 문제해결 능력이 높아집니다. 문제 상황을 해결하며 상황에 맞게 표현해야 하는 방법(말)을 배울 수 있습니다.

 선생님 보물찾기 놀이는 집안의 다양한 시각적 정보들 속에서 원하는 물건을 찾는 활동으로 시지각 능력을 발달시킵니다.

 선생님 • 보물찾기 놀이는 보물을 숨기고 찾는 역할이 나뉘어 있음을 인식하고 공동의 규칙을 이해하는 것이 필요한 협동놀이입니다. 또한, 보물이 있을 만한 곳을 유추해보면서 추론 능력이 발달합니다. 이외에도 숨바꼭질, 무궁화 꽃이 피었습니다, 얼음땡 등의 전통놀이도 해봅니다.

• 보물찾기 놀이는 그 자체로 흥미롭지만 '문제 상황 해결'이라는 목표는 지루해할 수 있습니다. 보상을 활용하여 아이의 참여 동기를 높여줍니다.

• '문제 상황 해결하기' 놀이할 때 해결책으로 2가지 방법을 말해야 하는 이유는 아이들의 엉뚱한 상상력을 수용해주면서도 일반적인 수준에서의 정답을 나누고 알려주어야 하기 때문입니다. 그리고 이 활동을 하는 동안 아이는 여러 가지 방법을 생각해보면서 다양한 사고력과 유연성이 길러집니다.

 ## 놀이 확장하기

❶ 보물찾기 놀이할 때 보물을 좀더 어려운 곳에 숨겨서 양육자가 주는 '힌트'를 듣고 숨긴 장소를 유추해서 찾게 할 수도 있습니다.

❷ '문제 상황 해결하기' 놀이할 때 아이가 제시하는 2가지 해결책 모두 적절하지 않은 대답을 한 경우에는 양육자가 알맞은 방법에 관해 다시 이야기해줍니다.

"마트에서 엄마를 잃어버렸을 때 어떻게 하면 좋을까?"

"사고 싶었던 과자를 다 사야지! 그리고 엄마를 부르며 뛰어다닐 거예요."

"마음대로 다 고를 수 있어서 신나겠는걸? 그런데 엄마와 다시 만나서 안전하게 집에 가는 게 중요해. 그리고 엄마가 멀리 간 경우에는 정우 목소리를 못 들을 수도 있어. 다른 방법도 생각해보자."

"모르겠어요."

"그럴 때는 엄마가 다시 돌아올 수 있도록 그 자리에 가만히 멈춰서 기다리거나 주변의 어른에게 도와달라고 말해볼 수 있어."

놀이 도와주기

일반적인 수준의 해결 방법을 떠올리기 힘들어할 때

- 상황에 대한 이해가 충분히 되었는지 확인합니다.
- 문제 상황과 해결 방법을 미리 적어두고 선을 그어 연결해봅니다. 해결 방법을 생각해보게 하는 것보다 일반적인 수준의 해결 방법을 미리 충분히 제시하는 것이 좋습니다.
- 변수가 많을수록 대처 방안을 떠올리기 쉽지

않습니다. 상황에 따른 스크립트를 만들어 제시합니다. 예를 들어 괴롭히는 친구에게 "싫어"라고 했을 때 친구의 반응을 '멈춘다'와 '계속한다'로 나눠 다양한 상황이 있을 수 있음을 예측해보게 합니다. 그리고 상황에 따른 방법을 각각 제시해줍니다.

동물 맞추기 놀이

몸으로 특징 표현하기

★ **놀이 분야** 언어

★ **준비물** 동물 카드 혹은 동물 이름이 적힌 종이

★ **사전 준비** 아이가 알고 있는 동물 중에 특징이 뚜렷한 동물 카드를 준비합니다.

동물 특징 알아보기

귀가 길지

느릿느릿해

아이와 함께 준비된 동물 카드를 가지고 특징에 대해 말해봅니다.

"토끼는 귀가 길지. 깡충깡충 뛰어가."

"거북이는 등에 집을 업고 다니지. 느릿느릿 기어 간다."

"코끼리는 어떤 동물이지? 어떻게 생겼더라? 몸이 크고 코가 길어. 귀도 크지."

"뱀은 어떻게 기어 다니지?"

동물 카드는 10개 이내로 준비합니다. 카드를 펼쳐 놓고 아이와 가위바위보 해서 이긴 사람이 하고 싶은 카드를 먼저 가져가는 방법으로 준비한 카드를 모두 나눕니다.

"가위바위보를 해서 이긴 사람이 하고 싶은 카드를 가져가는 거야!"

"동물을 말로 설명하는 게 아니라 몸으로 표현해야 해. 그러니까 몸으로 흉내 낼 수 있는 동물을 고르는 게 좋겠지?"

문제 내고 맞추기

엄마가 먼저 카드에 있는 동물의 특징을 몸으로 표현합니다.

"엄마가 먼저 흉내를 낼게. 민서가 어떤 동물인지 맞혀봐."

이번엔 역할을 바꿔 아이가 가지고 있는 카드를 보고 동물 흉내를 내면 엄마가 어떤 동물인지 답을 맞힙니다.

"귀가 긴 것 같은데. 음, 토끼?"

아이가 특징을 잘 표현하지 못한다면 단서를 제공합니다.

"뛰기만 하면 어떤 동물인지 잘 모르겠는데. 어떻게 생겼지? 귀가 길었나? 배에 아기를 안고 있나?"

언어 선생님 ◦ '동물 특징 알아보기' 놀이할 때 아이의 발달 수준에 맞춰서 동물 특징을 알아보는 과제는 빼고 진행해도 됩니다.

◦ 다른 주제(일상 사물, 직업, 악기 등)를 가지고 할 수도 있습니다. 주제는 아이가 익숙하고 많이 아는 어휘 목록에서 선정합니다.

 감각 통합 선생님 몸으로 표현하는 활동은 신체를 인지하는 능력을 키워줍니다. 또한, 개념을 익힐 때 다양한 감각기관(오감과 신체를 움직이는 감각)을 사용하면 쉽게 이해할 뿐 아니라 오래 기억할 수 있습니다.

🔗 놀이 확장하기

❶ 아이의 발달이 빠르다면 게임을 시작하기 전에 카드 목록을 보여주지 않고 진행해도 좋습니다.

놀이 도와주기

동물 흉내 내는 걸 어려워할 때

• 아이가 동물의 특징을 이해하고 있는지 확인합니다. 동물의 특징에 맞게 몸으로 표현하는 것을 모델링해줍니다.

• 양육자가 동물 흉내를 보여준 후로 다른 가족에게 똑같이 문제를 낼 수 있도록 해줍니다.

• 동물의 특징을 울음소리나 다른 도구를 이용해 표현할 수 있게 도와줍니다.

산만한 아이의 주의 집중력을 높여주는 방법, 각성 조절

아이가 학습을 시작하는 시기가 되면 많은 양육자가 아이의 집중력을 고민하고 걱정합니다. 요즘 수업 시간에서 집중하기 힘들어하고 멍하니 있거나 돌아다니고 앉아 있을 때 엉덩이가 들썩들썩하며 수업에 집중하지 못하는 아이들이 늘어나고 있습니다.

아이가 주의집중을 하기 위해서는 인지, 언어, 안구의 조절, 각성 조절, 운동 발달 등 많은 요소가 필요합니다. 그중 어떤 과제에 주의를 기울여 유지하기 위해서는 일정한 각성 수준이 필요합니다.

각성이란 뇌가 깨어 활동 중인 상태, 즉 자극에 반응을 보이는 상태를 말합니다. 각성 조절을 하기 위해서는 뇌에 적절한 촉각, 전정감각, 고유수용성감각이 필요합니다. 이런 감각 자극은 신체를 움직일 때 효과적으로 입력됩니다.

아이가 각성 조절을 잘 못 하면 집중해야 할 수업 시간에 쉽게 산만해지고 잠을 자기도 어려워할 수 있습니다. 아이가 또래보다 집중하는 시간이 현저히 짧다면 우선 충분한 신체 활동이 해주어야 합니다. 그리고 집중이 필요한 활동 전에 스트레칭을 하거나 몸을 움직여 각성을 조절해주는 것도 좋은 방법입니다. 하지만 각성과 발달, 감각 저리의 문제가 관찰된다면 전문가에게 상담받는 것을 권합니다.

각성 조절에 좋은 운동으로 이 책에서 소개하는 몸 손수레 놀이(294~296쪽)를 추천합니다.

49~60개월

조절 능력이 발달해요

★ ★

 이 놀이를 추천하는 이유

⑤ 지휘자 놀이

• 자기 행동을 상황에 맞게 조절하는 방법을 배웁니다.

• 인내력과 순발력, 표현력이 증진됩니다.

⑥ 내비게이션 놀이

• 상대방을 이해하는 능력이 길러집니다.

• 요구하거나 위치를 설명하는 화용언어 능력이 향상됩니다.

• 지시를 따르고 규칙을 지키는 자기 조절 능력이 길러집니다.

• 협동심이 길러집니다.

• 타인에게 도움을 주는 이타심이 길러집니다.

• 공간, 위치, 방향 개념이 향상됩니다.

⑦ 몸 손수레 놀이

• 전신의 근력 발달을 도와줍니다.

• 근육과 관절에 입력되는 고유수용성감각 활동은 각성을 조절하고
에너지를 발산하도록 도와줍니다.

정서와 사회성 발달을 위해 이렇게 놀아주세요

감정과 행동을 조절하는 정서 조절 놀이를 해주세요

이 시기의 아이는 감정이 더욱 다양하고 풍부해집니다. 그리고 자제력이나 감정 조절 능력이 발달하면서 자신의 감정이나 신체 에너지를 조절할 수 있게 됩니다. 또한, 다른 사람의 감정을 인식하고 공감하는 등 타인을 이해하는 능력도 발달합니다. 따라서 이전처럼 자신의 감정을 있는 그대로 표현하기보다는 상황에 맞게 조절하여 표현하기 시작하며, 때로는 자기 감정을 숨기거나 바꿔서 표현하기도 합니다. 양육자는 감정과 행동을 조절해야 할 다양한 상황에 대해 함께 이야기를 나눠주세요.

 ## 감각과 신체 발달을 위해 이렇게 놀아주세요

자기 몸을 조절해보는 놀이로 자기 조절 능력을 키워주세요

아이의 행동과 학습이 잘 이루어지려면 뇌에서 자극(정보)을 적절히 처리하고 조절해야 합니다. 조절이 잘 안되면 산만해져서(멍하거나 움직임이 많은 행동) 과제에 집중하거나 수행하기 어려울 수 있습니다. 아이가 각성 조절에 문제를 보인다면 전문가에게 아이의 각성 상태와 감각 조절 능력을 점검합니다. 자기 조절을 위한 신체 활동으로 '그대로 멈춰라', '무궁화 꽃이 피었습니다', '얼음땡'과 같은 전통놀이를 추천합니다. 아이가 자기 몸을 조절해보는 경험을 늘려서 자기 조절 능력을 키울 수 있도록 도와주세요.

지휘자 놀이

★ **놀이 분야** 정서와 사회성

★ **준비물** 없음

★ **사전 준비**
• 큰 소리를 내거나 쿵쿵거림 등의 소음이 생길 수 있으니 낮에 진행하는 것이 좋습니다.
• 층간 소음과 부상을 방지하기 위해 매트를 깔아줍니다.
• 실외에서 진행하면 더 좋습니다.

목소리 지휘하기

엄마는 양손을 활용해 목소리 크기를 표현합니다. 아이는 엄마의 손을 보고 목소리 크기를 조절합니다. 엄마는 서서히 늘리고 줄여가면서 아이가 목소리 크기를 조절하도록 도와줍니다.
"엄마 손이 커질수록 점점 큰 소리를 내보자. 반대로 작아질수록 점점 더 작은 소리를 내는 거야."

목소리 조절하기

다양한 상황을 이야기하며 어떤 목소리 크기로 이
야기하는 것이 좋은지 이야기해봅니다.
"모두 잠든 밤에는 어떻게 말해야 할까? (손 크기를
줄여주며) 이 정도로 말해보자."
"친구들 앞에서 발표해야 할 때는 어떻게 해야 할
까? (손 크기를 중간 정도로 해주며) 너무 크게 하면
친구들 귀가 아프대. 너무 작게 하면 안 들린대."

행동 지휘하기

엄마는 양손을 활용해 행동의 크기를 표현합니다. 아이는 엄마의 손을 보고 아주 느리게
걷거나 아주 빠르게 달립니다.
"엄마 손이 커질수록 빠르게 달리자. 엄마 손이
작아질수록 점점 더 느리게 걷는 거야."

행동 조절하기

다양한 상황에서 어떤 행동이 적절한지에 관해 아이와 이야기를 나눠봅니다.

"복도를 걸을 때는 어떻게 걷지? 그래, 이 정도로 걸어보자."

"사람들이 많을 때는 어떻게 걸을까? 너무 느리면 엄마, 아빠를 놓쳐 버릴지도 몰라. 너무 빨리 가면 사람들과 부딪혀서 다칠 수 있어. 엄마 손을 잡고 이렇게 걸어볼까?"

전문가 TIP

언어 선생님 행동 지휘하기 놀이할 때는 '토끼처럼 거북이처럼, 코끼리처럼 병아리처럼' 비유 표현을 듣고 행동을 조절할 수도 있습니다.

심리 선생님 목소리 크기를 손 크기로 표현하는 것을 인식하기 어려워한다면 1~10까지의 숫자로 표현하거나 많고 적음을 나타내는 시각 자료(크기별 스티커, 그림 등)를 활용하도록 합니다.

놀이 확장하기

① 정서 조절 놀이

• 조절 방법 선택하기 : 여러 가지 정서 표현 방법 카드를 준비해서 상황을 듣고 알맞은 카드를 선택해보게 합니다. 예를 들어 '소리 지른다', '주먹으로 때린다', '운다', '하지 말라고 말한다', '한 번 더 말한다' 등의 카드를 준비할 수 있습니다. 과자를 더 먹고 싶은데 안 된다고 할

때, 동생이 내 장난감을 빼앗아 갔을 때 등 일상에서의 경험을 이야기할 수 있습니다.

• 마음의 상자 만들기 : 정서 표현을 절제하고 조절할 수 있지만, 감정을 털어놓고 추스를 공간도 필요합니다. 빈 종이상자를 활용해 '마음의 상자'를 만들어줍니다. 아이는 자기 감정을 적거나 그린 종이를 상자 안으로 쏙 집어넣을 수 있습니다.

 ## 놀이 도와주기

지나치게 화를 내거나 삐치기, 긴 울음 등 감정 조절이 안 될 때

• 가정 밖에서도 동일한 방법을 사용하는지 확인합니다. 여러 상황에서도 모두 조절하는 것이 어렵다면 감정 조절이 미숙할 수 있습니다. 자기 감정 인식과 수용부터 연습해봅니다. (178~187쪽, 3장 '감정을 표현해요' 추천)

• 원하는 것을 얻기 위한 수단인지 살펴봅니다. 이때 양육자의 단호함이 필요합니다.

• 언어 발달을 확인합니다. 언어로 감정을 표현하는 것이 안 되면 감정을 수용 받기도 어렵고 문제해결도 쉽지 않습니다. 양육자가 아이의 감정을 대신 표현해주거나 "무서웠어? 아니면 하기 싫었어?" 등으로 선택지를 제시해줍니다.

내비게이션 놀이

★ **놀이 분야**   정서와 사회성

★ **준비물**   마스킹 테이프, 눈을 가릴 수 있는 도구(안대, 손수건 등)

★ **사전 준비**   위험한 물건은 치우고 안전한 공간에서 진행합니다.

마스킹 테이프 길 만들기

마스킹 테이프를 이용해서 길을 만듭니다. 출발지점과 도착지점을 정하고 직선, 지그재그선, 미로 등 다양한 길을 구성해봅니다. 도착지점에는 카드나 블록을 놓아두어서 끝나는 지점이라는 걸 인식할 수 있게 합니다.

손잡고 길 안내하기

엄마가 눈을 가린 상태에서 아이가 엄마의 손을 잡고 길을 안내해 목적지까지 도착합니

다. 그리고 엄마가 눈가리개를 풀고 도착
지점을 확인합니다. 아이는 눈을 가려서
안 보이는 엄마가 길을 잘 찾을 수 있도
록 엄마의 입장에서 생각하고 길을 안내
해야 합니다.

내비게이션 되기

눈을 가린 엄마에게 아이가 내비게이션
이 되어 길을 안내해서 도착지점까지 갈
수 있도록 합니다. 이때 말로 설명하도
록 합니다. 아이는 엄마가 길을 찾을 수
있도록 엄마의 입장에서 생각하고 길을
안내해야 합니다.
"엄마, 앞으로 조금 가다가 멈춰. 이제 옆
으로 돌아."

언어 선생님   아이가 마음 읽기를 어려워한다면 비구어적인 표현도 알아차리기가 어렵습니다. 예를 들어 '잘~한다'라는 말을 비꼬듯이 하면서 떨떠름한 표정을 할 경우 칭찬이 아니라는 것을 이해하기 어려워할 수 있습니다. '잘한다'라는 말의 뜻만 이해하고 칭찬으로 받아들일 수 있습니다. 이럴 때는 양육자가 말의 표현, 비언어적인 표현(표정, 태도, 억양 등)도 정확하게 전달하여 말의 의도를 파악할 수 있도록 도와줍니다.

감각통합 선생님   눈을 가리면 시각을 제외한 다른 감각에 집중해볼 수 있습니다. 눈을 가리고 움직이면서 느꼈던 감각 경험을 아이와 함께 이야기 나누는 시간을 가져보도록 합니다.

심리 선생님   내비게이션 놀이할 때 양육자는 아이가 충분히 생각하고 설명할 수 있도록 최대한 천천히 이동합니다. 아이가 설명이나 표현하기 어려워한다면 "옆으로 갈까? 앞으로 가도 되니?" 등의 질문을 하면서 양육자 관점에서 필요한 정보를 알려주어 아이에게 도움을 줍니다.

놀이 확장하기

❶ 역할 바꾸기

양육자가 내비게이션이 되어 아이의 손을 잡고 길을 안내합니다.
상대방 입장을 생각하고 표현하는 것을 모델링해줍니다.

놀이 도와주기

마음 읽기를 어려워할 때

아이들은 일반적으로 다른 사람의 행동을 보고 그 사람의 마음을 유추합니다. 때로는 행동과 마음이 일치하지 않을 수도 있고 내 마음과 상대방의 마음이 다를 수도 있다는 것을 이해할 수 있어야 합니다. 그래야 타인과의 상호작용이 가능합니다. 이것을 잘 이해한 아이는 마음 읽기를 통해 타인의 의도나 행동을 이해할 수 있습니다. 하지만 마음 읽기가 어렵다면 은유적인 표현이나 농담도 이해하기 어려워할 수 있습니다. 이때는 아이에게 직접적이고 명확한 표현으로 이야기해서 도움을 주도록 합니다.

타인의 감정 인식을 못할 때

• 아이가 겪은 유사한 경험을 이야기하면서 입장을 바꿔 생각해보게 합니다.

• 놀이를 통해 타인의 감정 반응을 자연스럽게 접하도록 합니다. 문제가 되는 아이의 행동에 관해 또래 친구들은 상황을 피하거나 교사가 개입하는 상황이 많아서 아이가 타인의 생생한 감정을 느끼는 기회가 생각보다 적을 수 있습니다. 따라서 놀이를 통해 상

민서가 인형을 뺏어가서 엄마는 너무 속상해

대방의 감정을 알려줍니다. 예를 들어 놀이 중 아이가 엄마의 장난감을 빼앗고 놀리는 상황이라면 엄마는 과장되게 놀라거나 슬퍼하거나 속상해하는 반응을 표현하면서 자신이 느끼는 감정을 생생히 전달해줍니다.

몸 손수레 놀이

★ 놀이 분야   감각통합

★ 준비물   매트

★ 사전 준비   층간 소음과 부상을 방지하기 위해 매트를 깔아줍니다.

몸 손수레 만들기

10초만 버텨보자

아이는 엎드린 자세에서 팔을 펴서 바닥을 짚습니다. 엄마가 아이의 다리나 발목을 잡고 들어 올립니다. 아이의 몸이 지면과 수평이 되도록 유지합니다.
"정우가 수레가 되어보는 거야."
"엄마가 다리를 잡고 들어 올릴 거야."
"넘어지지 않고 10초 정도 팔로 버텨보자."

몸 손수레 움직이기

손수레 자세가 안정되었다면 엄마는 아이의 다리를
잡고 유지한 상태에서 아이는 두 팔로 앞으로 걷습
니다.

"수레가 출발합니다."

"영차영차, 힘내보자."

"도착하였습니다."

전문가 TIP

 선생님

• 몸 손수레 자세를 만들 때 아이의 손가락이 펴져 있어야 합니다. 주먹을
쥐지 않도록 유의합니다.

• 몸 손수레 놀이할 때 아이가 팔에 체중을 지지하지 않으려고 갑자기 팔꿈
치를 구부릴 수 있습니다. 안전을 위해 매트를 깔고 넘어지지 않도록 주의합
니다.

놀이 확장하기

각성은 뇌의 신경이 활동 중인 상태를 말합니다. 각성이 너무 낮거나 높으면 일상생활과 학습에 부정적인 영향을 줄 수 있습니다. 접촉, 자세 유지와 움직임에 관련된 다양한 감각통합 활동으로 각성 조절을 도와줍니다. 다음은 촉각, 고유수용성감각, 전정감각을 활성화하는 활동입니다.

❶ 각성을 낮추고 릴렉스 하는 활동
따뜻하고 부드러운 마사지, 짧고 강도 높은 활동(예 벽 밀기, 줄 당기기, 무거운 물건을 들기), 천천히 반복적인 속도로 움직이는 그네 타기

❷ 각성을 높여주고 또렷하게 할 수 있는 활동
가벼운 터치, 춥거나 거친 촉감활동, 달리기, 점핑, 빠르고 예측 불가능한 움직임과 회전 활동

 놀이 도와주기

팔이 체중을 지지하지 못하고 구부린다면

- 몸통과 팔의 근력이 약하고 관절이 불안정할 수 있습니다. 아이의 허벅지를 잡아줘서 체중을 분산시켜줍니다.
- 아이가 자기 체중이 눌리는 감각을 피하고 싶어서일 수도 있습니다. 양육자가 아이의 팔꿈치를 잡아서 안정감을 줍니다. 이 상태에서 팔로 자기 체중을 지지해보는 경험을 함으로써 감각에 익숙해지도록 도와줍니다.

사회적 의사소통 능력, 화용언어

"유치원 선생님이, 아이가 자조 기술이나 학습은 잘하는데 친구들과 함께하는 활동이나 놀이할 때는 어려움이 있데요. 특히 자유 놀이 시간에는 혼자 노는 경우가 많다고 해요."

언제부턴가 이런 일로 상담해 오는 양육자 분들이 늘었습니다. 겉보기에는 발달에 큰 어려움이 없는데 단체 생활할 때 사회성에 어려움을 보이는 아이들입니다.

이런 경우 가장 먼저 발달 이외에 다른 어려움은 없는지 살펴봐야 합니다. 즉, 심리나 언어 또는 다른 영역의 검사를 통해 아이의 상태를 알아본 후에 검사 결과에 따라 전문가의 적절한 개입 여부를 판단합니다.

단체 활동할 때는 여러 가지 상황을 이해하고 상대방에 맞춰 언어로 전달하는 능력이 필요합니다. 대화할 때는 자기 생각이나 의사를 요구하거나 전달할 수 있고 상대방의 말에 경청하고 또는 거부하면서 서로 조율하고 해결하는 능력도 필요합니다. 이런 능력을 '화용언어 능력(화용언어 기능)'이라고 합니다.

한마디로 화용언어 능력은 사회적 의사소통 능력입니다. 듣는 사람과 말하는 사람 간에 의도를 인식하고 이해하며 상황에 맞게 적절하게 표현하는 것을 말합니다. 화용언어는 말만 잘한다고 되는 것이 아닙니다. 타인에 대한 공감력과 상황에 맞는 적절한 표현력, 관계에서 필요한 규칙을 이해하는 능력이 갖춰져 있어야 합니다.

이러한 능력을 향상하려면 먼저 양육자와 함께 대화하며 정보와 감정을 공유하고 자기 생각을 언어로 전달하는 연습을 해봅니다. 가정에서 충분한 경험을 쌓은 아이의 언어 능력은 또래 관계에서 사회성을 넓히는 기반이 됩니다.

따라서 양육자는 아이가 성장하는 과정에서 경험이나 놀이를 통해 감정을 공유하고 대화를 나누면서 화용언어 능력을 키워주세요. 또래 관계 안에서 활용할 수 있도록 기회를 만들어주세요. 아이가 성장하여 사회의 일원으로 살아가기 위해서는 화용언어 능력은 매우 중요합니다.

49~60개월

시지각 능력을 길러줘요

★ ★

 이 놀이를 추천하는 이유

⑧ 종이접시 놀이

- 대근육과 소근육 발달을 도와줍니다.
- 눈 따라보기, 시각 변별, 협응 활동으로 시지각 능력이 향상됩니다.

⑨ 똑같이 그리기 놀이

- 시각 통합, 공간지각 활동으로 시지각 능력이 향상됩니다.
- 소근육 발달을 도와줍니다.

감각과 신체 발달을 위해 이렇게 놀아주세요

학습의 기초가 되는 다양한 시지각 놀이를 해주세요

시지각 능력은 눈으로 본 시각 자극을 뇌에서 통합하고 처리해서 학습과 다양한 활동을 할 수 있도록 도와줍니다. 또한 추상적, 논리적인 사고체계와 같은 인지 영역이 발달할 수 있게 도와줍니다. 하지만 이 능력은 적절한 안구 움직임, 시각 집중이 필요하며 패턴을 인식하고 기억하는 인지 과정을 거쳐야 획득할 수 있습니다.

따라서 시지각 능력에 문제가 발생하면 학습 능력이 떨어지게 됩니다. 즉, 문자나 문장을 읽고 쓰는 것이 힘들어집니다. 학습을 배우기 전에 다양한 시각 놀이를 통해 시지각 능력을 키워주세요.

 ## 언어 발달을 위해 이렇게 놀아주세요

시지각 능력을 높여 한글 교육을 준비해주세요

아이의 시지각 능력은 글자를 배우고 읽고 쓰는 데 영향을 줍니다. 시지각 발달은 만 3세부터 5세까지 지속해서 발달하다가 초등학교 1학년 정도 되면 가장 높아집니다. 한글 교육이 만 6~7세에 효과적인 이유기도 합니다. 한글을 배우기 위해서는 시지각 발달과 함께 말소리를 인식하고 변별할 수 있는 능력도 필요합니다. 한글 학습 이전에 시지각을 발달시킬 수 있는 다양한 놀이와 말놀이(예) 끝말잇기, '리리리 자로 끝나는 말은~' 등)를 해주세요. 글자가 가지고 있는 소리를 알고 조작하는 능력은 글자를 배우는 데 필요한 언어 능력입니다.

49~60개월
8

종이접시 놀이

★ **놀이 분야**   감각통합

★ **준비물**   종이접시, 아이스크림 막대기, 작은 공 혹은 폼폼이(솜공), 자석, 쇠구슬

★ **사전 준비**
- 접시 가운데 부분을 작은 공과 폼폼이 사이즈에 맞춰 구멍을 뚫어줍니다.
- 종이접시에 아이스크림 막대기(우드 스틱)를 붙여줍니다.
- 공이 바닥에 떨어질 수 있으니 층간 소음 방지를 위해 매트를 깔아둡니다.
- 짝 찾기 활동을 위해 접시에 그림, 도형 등을 그려서 반으로 잘라줍니다.
- 미로 놀이 활동을 위해 종이접시에 미로 같은 구불구불한 길을 그려줍니다.

종이접시에 공 통과시키기

종이접시 가운데 구멍을 뚫고 손잡이용으로 나무 막대기를 종이접시에 붙여 준비합니다.

아이는 막대기를 잡고 있고 엄마는 종이접시에 공을 올려놓습니다. 아이는 구멍에 공이 통과하도록 종이접시를 이리저리 기울여 움직입니다.

"손으로 공을 잡지 않고 구멍에 통과시켜야 돼."

"종이접시를 기울여서 움직여보자."

종이접시 짝 맞추기

엄마와 아이가 함께 종이접시에 그림, 도형, 숫자, 한글 등을 그려봅니다.

"종이접시에 무엇을 그려볼까?"

종이접시 가운데 부분을 일자, 지그재그 등으로 잘라 여러 개의 종이접시를 만들고 섞어 놓습니다. 이제 아이가 종이접시의 짝을 찾아 맞춥니다.

"이건 무슨 모양일까? 한번 찾아볼까?"

자석 미로 통과하기

엄마는 종이접시에 미로나 '길 따라 가기 선'을 그려 놓습니다.

종이접시 안에 쇠구슬을 넣습니다. 엄마는 종이접시를 들어주고 아이는 자석을 종이접시 바닥에 놓고 쇠구슬을 움직이며 그림을 따라 가게 합니다.

"정우가 자석을 움직여서 구슬을 움직여주면 돼."

"미로를 통과했다. 정말 잘했어."

전문가 TIP

 언어 선생님 종이접시에 한글을 써놓고 짝 맞추기를 하며 낱말을 맞추는 연습을 합니다. 소리를 결합(ㅂ+ㅏ=바)하고 글자를 결합(바+지=바지)하는 놀이를 하면서 읽기 활동을 준비합니다.

감각통합 선생님 종이접시에 공 통과시키기 놀이할 때 되도록 아이가 종이접시나 나무 막대기를 잡고 앞, 뒤, 좌, 우로 기울여서 공을 통과시킬 수 있도록 유도합니다. 그리고 양육자가 떨어진 공이 몇 개인지 세어주거나 점수를 매겨주는 활동을 함께 도와주면서 동기부여를 높여줍니다.

 ## 놀이 확장하기

❶ 종이접시 풍선 치기

종이접시에 손잡이용으로 나무 막대기를 붙여서 배드민턴 라켓처럼 만들어줍니다. 아이와 함께 나무 막대기를 잡고 풍선을 치면서 활동할 수 있습니다.

❷ 종이접시 집게 놀이

종이접시 테두리에 색깔, 숫자, 한글, 모양 중 한두 가지를 선택해 표시합니다. 스티커를 붙이거나 그림을 그려도 좋습니다. 나무 집게나 플라스틱 집게에도 색깔, 숫자, 한글, 모양 중 한두 가지를 선택해 표시합니다. 서로 같은 패턴을 찾아 종이접시 테두리에 집게를 꽂아주면 됩니다.

놀이 도와주기

종이접시 구멍에 공 넣는 걸 잘 못할 때

- 양육자가 함께 종이접시를 잡아주어 공의 속도를 조절하고 아이가 공을 천천히 보면서 움직여볼 수 있도록 도와줍니다. 종이접시 대신 종이박스를 활용해도 좋습니다.
- 아이의 시선이 공의 움직임을 따라 가지 못한다면 바닥에 공을 굴려보거나 주고받기 연습을 먼저 해봅니다.

종이접시 짝 찾기를 어려워할 때

종이접시의 개수를 두세 개로 줄여서 아이가 찾기 쉽게 난이도를 조절해줍니다.

미로 통과하기를 어려워할 때

종이접시 아래에 있는 자석을 잡고 이동시키기 어려워한다면 손가락으로 종이접시 위에서 직접 미로그림을 따라 이동해보도록 합니다.

똑같이 그리기 놀이

★ **놀이 분야**   감각통합

★ **준비물**   종이, 펜, 바둑돌

★ **사전 준비** • 반듯한 자세로 앉을 수 있는 책상과 의자를 준비합니다.

  • 집중할 수 있도록 미리 주변을 정돈하고 조용한 환경을 조성합니다.

반쪽 그림 완성하기

책상에 앉아 놀이를 시작합니다. 엄마가 종이를 반으로 접고 한쪽에 도형 또는 숫자의 반쪽 그림을 먼저 그립니다. 반대쪽은 아이가 이어서 그려보게 합니다.

"그림이 반쪽만 있네. 민서가 완성해줄까?"

"맞았어. 네모가 완성되었다."

바둑돌 그림 완성하기

바닥에 마스킹 테이프를 길게 한 줄로 붙여 놓습니다. 마스킹 테이프 줄을 중앙으로 두고 한쪽에 엄마가 바둑돌로 도형 또는 숫자의 반쪽 그림을 그립니다. 반대쪽은 아이가 이어서 바둑돌로 만들어보게 합니다.

"그림이 반쪽밖에 없네. 민서가 완성해줄까?"
"맞았어. 네모가 완성되었다."

똑같이 점선 잇기

책상에 앉아 준비합니다. 엄마는 종이를 반으로 접고 두 쪽에 점 4개를 찍어서 준비합니다. 엄마가 한쪽에 점을 선으로 잇고 반대쪽은 아이가 이어서 그려보게 합니다. 익숙해지면 점의 수를 늘려서 난이도를 조절합니다.

"엄마랑 똑같이 민서가 선을 그려보자."

전문가 TIP

 언어 **선생님** 아이의 이름 위에 바둑돌을 올려놓거나 점선으로 그리고, 따라 쓰는 놀이를 하면서 이름 쓰기 연습을 자연스럽게 합니다. 글자를 보고 한글 자모음 퍼즐로 똑같이 만들어보면서 시지각 활동을 통해 한글을 학습합니다.

감각통합 **선생님** • 그림 완성하기 활동은 사물이나 단어가 부분적으로 가려져 있는 것이 어떤 것인지 인식할 수 있는 시각통합 능력을 길러줍니다. 시각통합 능력은 문자를 빠르게 읽을 수 있고 모양과 문자를 인식하고 물건이 조금 가려져도 찾아낼 수 있도록 도와줍니다.

• 바둑돌 그림 완성하기 놀이는 공깃돌, 나무젓가락, 빨대 등 다양한 재료를 활용해볼 수 있습니다.

• 똑같이 점선 잇기 놀이는 공간지각력과 시각집중력을 길러줍니다.

 ## 놀이 확장하기

❶ 한글과 숫자를 배울 때 도움이 되는 시지각 활동

• 풍선 치기, 공 주고받기, 점선 따라 똑바로 선 긋기, 과녁 맞추기

 → 시각 운동 협응 활동

• 숨은 그림 찾기, 서랍장에서 필요한 물건 찾아오기, 동화책 속에 글자 찾기

 → 도형–배경 변별 활동

• 미로 찾기, 선 따라 걷기, 장애물 활동

 → 공간 위치 및 공간–관계지각 활동

• 같은 모양 찾기, 장난감을 여러 각도에서 사진 찍고 비교해보기

 → 형태항상성 활동

놀이 도와주기

미완성 그림을 완성하기 힘들어할 때
- 아이가 그려야 할 쪽에 점선으로 표시해줍니다.
- 도형이나 선을 단순하게 그려줍니다.
- 물감을 이용한 데칼코마니 활동으로 대칭에 관해 설명하여 이해시켜줍니다.

점선 따라 그리기를 어려워할 때
- 점과 선의 수를 조절해 난이도를 낮춰줍니다.
- 점에 숫자를 표시하거나 점의 색깔을 다르게 하여 변별하기 쉽게 합니다.
- 아이와 함께 점과 점 사이를 그려서 이어보는 연습을 합니다.

잠깐! 쉬어가기

학습이 어려운 아이는 청지각 문제?

초등 학습을 위해서는 시지각과 청지각이 함께 발달해야 합니다. 특히 청지각은 귀를 통해 입력된 정보를 뇌에서 인식하고 변별하여 해석하는 능력을 말합니다. 예를 들어 학교에서 받아쓰기 할 때도 아이가 들은 소리를 문자로 올바로 써야 하므로 청지각이 꼭 필요합니다.

청지각에 문제가 있으면 소리와 말소리의 차이를 변별하고 해석하는 데 어려움을 겪기 때문에 읽기 쓰기와 같은 학습에 부정적인 영향을 줄 수 있습니다. 또한 주의 집중도 힘들고 언어를 포함한 다른 영역의 발달에도 부정적인 영향을 줍니다.

청지각은 단순히 자극만 준다고 좋아지지 않습니다. 무엇보다 문제점을 정확하게 파악하는 것이 중요합니다. 아이가 다양한 상황에서의 자극을 어떻게 받아들이고 이를 해석해서 행동할 수 있는지를 알아봐야 합니다. 따라서 아이의 청지각에 문제가 있다고 판단된다면 이른 시일 안에 전문가의 상담을 권합니다.

49~60개월

이야기를 만들어요

★ ★

 이 놀이를 추천하는 이유

⑩ 괴물 나라 이야기 놀이

- 다양하고 새로운 어휘를 배웁니다.
- 책을 읽으면서 이야기의 구조를 배웁니다.
- 책 내용을 회상하고 말하면서 이야기 구성력이 높아집니다.
- 원인 결과, 인과관계, 예측하기, 예상하기 등 추론 능력이 높아집니다.
- 타인에 대한 감정과 마음 읽기를 배웁니다.
- 간접 경험이 증가하고 상상력이 높아집니다.

⑪ 이야기 기차 놀이

- 문장과 문장을 연결하는 과정을 배웁니다.
- 주제에 맞춰 내용을 만들고 유지할 수 있습니다.
- 주제에 맞춰 상상하거나 문장을 꾸미는 표현력이 길러집니다.

언어 발달을 위해 이렇게 놀아주세요

언어 발달을 위해 이야기 만들기 놀이를 해주세요

이 시기의 아이는 문장과 문장을 연결해 이야기를 만들 수 있습니다. 하나의 사건 위주로 진술하다 점차 여러 가지 사건을 연결해 이야기로 전달합니다. 주로 자신이 경험한 이야기, 들은 이야기, 상상해서 꾸며낸 이야기 등 다양한 형태의 이야기를 만들기 시작합니다.

사건의 순서에 맞게 이야기할 수도 있습니다. 하지만 인과관계, 원인 결과 등의 내용을 이해하거나 표현하는 데는 미숙할 수 있습니다. 양육자와 함께 이야기를 만들어 보면서 언어 발달을 키워주세요.

주제에 맞는 말을 주고받을 수 있도록 이야기 기차 놀이를 해주세요

이 시기의 아이는 주제에 맞게 말을 주고받으며 대화가 가능해집니다. 그리고 그 주제에 관한 이야기를 풍성하게 구성할 수도 있습니다. 또 아이는 이야기하며 여러 가지 질문을 하고 대화를 확장해 나갈 수 있습니다. 하지만 완벽하지는 않습니다. 아이의 성향이나 성별의 차이, 발달 능력에 따라서 차이가 있습니다. 대화를 짧게 하거나 주제에서 벗어난 이야기를 할 수도 있습니다. 이때 주제에 벗어났다고 아이를 질책하지 않도록 유의합니다.

따라서 양육자는 자연스럽게 주제를 다시 상기시키고 관련된 질문을 하면서 주제에 맞춰 다시 대화를 유지할 수 있도록 이끌어가는 등 꾸준히 노력합니다.

괴물 나라 이야기 놀이

★ **놀이 분야** 언어

★ **준비물** '괴물들이 사는 나라' 동화책

★ **사전 준비** • 아이가 집중할 수 있는 장소를 선택합니다.

　　　　　　　• 스토리가 있는 책 중에 아이가 좋아하는 다른 책을 사용해도 좋습니다.

책 읽어주기

엄마가 아이에게 책을 읽어줍니다. 책을 읽어주면서 아이가 그림을 충분히 볼 수 있도록 합니다.

"민서야, 엄마가 책 읽어줄게. 엄마랑 앉아서 같이 책 볼까?"

책을 끝까지 다 읽어주고 난 후에는 한 장씩 넘기면서 그림만 보여줍니다.

"다 읽었네. 엄마가 그림만 보여줄게. 그림을 보면서 엄마가 읽어준 이야기 생각해봐."

내용 회상하고 질문에 답하기

아이가 책 내용에 대해 회상할 수 있도록 질문합니다. 아이가 어려워한다면 구체적으로 질문하거나 그림을 다시 보여주며 단서를 제공합니다.

"민서는 이 책을 보고 뭐가 제일 기억나?"

"이 책에 누가 나왔지?"

"엄마는 맥스에게 왜 화를 냈을까?"

"괴물나라 괴물들은 어떻게 생겼더라?"

줄거리 요약하기 - 다시 말하기

아이와 책의 내용을 훑어보고 내용을 간단히 기억할 수 있게 말해봅니다.

"맥스에게 무슨 일이 있었는지 다시 말해줄래?"

아이 혼자 생각하는 것이 어렵다면 도움을 줍니다.

"처음에는 맥스가 집에서 장난을 치고 있었지? 그다음에 어떻게 됐더라?"

숨어 있는 의미 찾기

아이와 함께 그림이나 글에 표현되어 있지 않은 숨은 의미를 생각해보며 대화를 나눕니다.

"엄마가 괴물딱지 같은 녀석이라고 했을 때 기분이 어땠을까?"

"맥스 방이 갑자기 숲으로 변했어. 어떻게 된 거지?"

언어 선생님 책 읽어주기 놀이에서 내용을 이해하고 어휘를 확장하기 위해 묻고 답하는 활동은 아주 중요합니다. 하지만 양육자가 질문만 계속 쏟아낸다면 아이는 책 읽기에 흥미를 잃을 수 있습니다. 책을 읽고 나면 먼저 아이가 기억나는 장면을 가지고 이야기 나눠봅니다. 한 번에 이해하기 어려워한다면 같은 책을 여러 날 동안 여러 번 읽어줍니다.

 ## 놀이 확장하기

❶ 똑같은 책이라도 아빠와 엄마가 읽어줄 때의 장점이 다릅니다. 집중력, 표현력의 차이, 성에 따른 생각의 차이가 아이에게 다양한 감정과 생각을 하게 합니다.

❷ 아이와 함께 역할(맥스, 엄마, 괴물)을 나누어 책의 내용에 맞게 표현해봅니다.

❸ 책의 결말 뒤에 이어질 내용을 아이와 함께 생각해봅니다.

 ## 놀이 도와주기

책 내용을 이해하기 어려워할 때

• 책을 처음부터 끝까지 읽어주고 난 후 장면별로 다시 얘기해줍니다.

• 장면별로 읽어주고 난 후 바로 질문을 해서 내용을 이해하고 기억하게 합니다.

책 내용을 다시 말하기 어려워할 때

전체 내용에 대해 이야기하기가 어렵다면 장면별로 그림을 보며 말하게 합니다.

이야기 기차 놀이

★ **놀이 분야**   언어

★ **준비물**   블록 또는 네모 상자, 의자, 쿠션 등

★ **사전 준비**   • 기차를 만들 소품은 아이가 다치지 않게 안전한 물건이나 재질로 선택합니다.

   • 움직일 때 주변에 부딪히거나 다치지 않게 공간을 만들어줍니다.

활동 규칙 설명하기

집 안에 있는 사물을 이용해 길게 기차를 만듭니다. 엄마와 아이가 번갈아 가며 기차에 탑승하고 탑승할 때마다 문장을 말합니다. 단, 이야기는 앞사람이 말한 내용과 연결되게 만들어야 합니다.

이야기 기차 만들기

엄마랑 민서가
기차를 만들자

집 안에 있는 블록이나 상자, 의자, 쿠션을 사용하여 길게 기차 모양으로 만들어 놓습니다.
"우리 상자나 쿠션을 가지고 기차처럼 길게 만들어 볼까?"

이야기 기차 시작하기

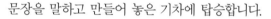

엄마가 기차와 관련된 이야기로 이야기 기차를 시작해봅니다.
"엄마랑 민서가 기차를 타러 기차역에 갔다."

문장을 말하고 만들어 놓은 기차에 탑승합니다.
아이가 이야기를 이어가는 걸 어려워한다면 단서를 제공해줍니다.
"기차 타러 갔으니까 그다음은 어떻게 할까?"

이야기 기차 이어가기

아이가 앞의 이야기와 조금은 벗어난 이야기를 하더라도 엄마가 내용이 연결될 수 있게 말합니다.

아이 : "엄마랑 기차를 탔다."

엄마 : "기차에서 우리 자리를 확인했다."

아이 : "못 찾았다."

엄마 : "그래서 승무원에게 자리를 물어봤다."

문장을 말할 때마다 다른 칸으로 옮겨 탑니다.

이야기 기차 마무리하기

만든 기차의 칸만큼 이야기를 이어갑니다. 기차 칸의 수에 맞춰 이야기의 시작과 마무리를 해야 합니다.

이야기가 길게 연결되면 다시 한 바퀴를 돌며 이야기를 만들고 마무리합니다.

전문가 TIP

 언어 선생님

• 이야기를 길게 만들지 않아도 됩니다. 짧더라도 앞의 내용과 연결되도록 주제를 유지하면서 생각하는 연습을 통해 이야기를 완성하는 것이 목적입니다.

• 이야기를 만드는 이유는 차례에 맞게 이야기를 만드는 것과 이야기의 형식이 연결될 수 있도록 간접적으로 알려주기 위함입니다.

놀이 확장하기

❶ 아이가 경험한 것들이나 다른 책의 내용 등 다른 주제를 가지고 이야기를 연결하며 표현할 수 있습니다.

❷ 활동 후에는 기차 그림이나 책 만들기를 통해 만들었던 이야기를 정리해보는 시간을 가져봅니다.

 놀이 도와주기

이야기 만들어 내는 걸 어려워할 때

• 일상생활에서 반복하는 활동(유치원 가기, 놀이터에서 놀기 등)들을 가지고 번갈아 가며 이야기를 만들어봅니다.

• 빈칸 채우기처럼 양육자가 문장의 앞을 만들어주고 뒤를 아이에게 완성하게 합니다. 예를 들어 "민서가 엄마랑 기차역에 갔다. 기차역에서 기차를 탄 이후 상황은 민서가 말해볼까?"

유치원에서 선생님을 만났다 그리고~

인사를 했다

주제를 유지하기 어려워할 때

• 이야기의 길이를 짧게 만들어 집중할 수 있게 합니다.

• 주제에서 벗어난 이야기를 한다면 앞의 이야기나 주제를 상기시켜줍니다.

주의집중을 어려워할 때

• 말의 순서를 알려줄 수 있는 다른 소품(가위 모양 손가락 장난감, 마이크 등)을 활용해도 됩니다.

• 앉은 상태에서 자동차나 공을 서로 주고받으며 이야기를 만들 수 있습니다.

49~60개월에 이런 점이 궁금해요

심리 선생님이 답하다!

유아의 자위를 어떻게 받아들여야 하나요?

아이가 바지 속에 손을 넣어 성기를 만지거나 가구에 성기를 비비고 땀까지 뻘뻘 흘린다면 당황스러울 것입니다. 그런데 유아도 자위 행동을 합니다.

하지만 유아의 자위는 성인이나 청소년의 자위와는 다른 관점으로 보아야 합니다. 성적인 의미보다는 다양한 이유를 지니기 때문입니다.

첫째, 장난이나 호기심으로 성기를 만졌다가 쾌감을 느껴 심심한 상황에서 습관처럼 할 수 있습니다.

둘째, 스트레스를 겪거나 불안함을 느끼는 상황에서 정서적인 안정감을 취하려고 선택한 방법일 수 있습니다.

셋째, 양육자와의 관계에서 정서적으로 충족이 되지 않을 때도 할 수 있습니다. 주로 방치되거나 양육자가 너무 엄격해서 정서적인 친밀감을 느끼지 못할 때 정서적인 충족을 자위 행동으로 해소하려고 할 수 있습니다.

아이가 자위하는 것을 보았을 때는 직접적으로 언급해서 주의 주기보다는 다른 활동을 제시하며 자연스럽게 전환이 될 수 있도록 합니다. 이후에는 책을 활용하여 아이의 나이에 맞는 성교육을 해주는 것도 필요합니다.

만약 무료한 상황이 많아 습관처럼 한다면 아이가 무료하지 않도록 일정을 다양한 활동으로 바꿔줍니다. 아이가 스트레스 상황에 있다면 양육자의 정서적 지지와 함께 주변 환경을 바꿔주는 것이 좋습니다.

글씨를 어설프게 쓰고 도구 사용을 어려워해요

크레파스, 색연필, 연필 등을 쥐고 쓰기와 그리기를 할 수 있는 조작 능력을 잘하려면 여러 영역의 발달 기초가 골고루 이루어져 있어야 합니다. 조작 능력이 떨어지면 소근육 발달에도 부정적인 영향을 미칠 뿐만 아니라 부정적인 경험들이 쌓여서 정서와 사회성 형성에도 좋지 않습니다.

조작에 어려움을 보이는 것은 아이의 감각과 신체 발달이 원인일 수 있습니다.

소근육 발달이 원활하지 않은 아이는 몸통의 안정감 부족으로 인해 바른 자세로 앉아 있지 못하는 경우가 많습니다. 몸의 중심이 안정되어야 손이나 손가락도 안정적으로 발달하고 제대로 움직일 수 있습니다.

또한, 손에서 전해지는 감각 처리에 문제가 있으면 감각이 너무 민감하거나 둔감해져 손 조작에 어려움을 겪을 수 있습니다.

따라서 바르게 글씨를 쓰고 그림을 그리려면 몸의 움직임과 자세를 올바르게 유지하고 피부로 사물을 느끼고 눈으로 보고 파악하는 감각들이 통합되어 있어야 합니다.

아이가 쓰기와 그리기를 힘들어한다면 종이접기나 가위질하기, 만들기 등 좋아하는 활동을 통해 손을 사용할 기회를 자주 마련해주도록 합니다. 이때 반복적인 쓰기 훈련은 좋지 않습니다. 이외에도 물감이나 클레이, 곡물, 가루를 이용한 촉각놀이도 도움이 됩니다. 소근육 발달을 위해서는 몸통(코어)의 안정성을 높이는 대근육 활동도 꾸준히 하도록 합니다.

아이가 말을 더듬어요

만 2~7세의 아이는 인지, 신체, 사회성, 언어의 발달이 통합적으로 이루어집니다. 여러 가지 영역이 한꺼번에 경쟁적으로 발달하기 때문에 말과 관련된 운동 발달이 취약한 경우 말을 더듬는 문제를 보일 수 있습니다.

아이가 말을 더듬기 시작하면 양육자는 당황하게 됩니다. 아이에게 천천히 말을 하라고 주의 주거나 다시 말해보라고 채근하는 상황이 자주 발행합니다. 이러한 양육 태도는 아이에게 심리적인 압박감과 말에 대한 부담감을 주어서 말 더듬는 현상이 더 나빠질 수 있습니다.

아이가 말을 더듬는다면 아래와 같이 도와줍니다.

첫째, 가정에서 서두르지 않고 좀 더 여유로운 생활 방식을 제공합니다.

둘째, 양육자의 말하는 방식을 바꿉니다. 말의 속도를 늦추고 짧고 단순한 문장을 사용하도록 합니다.

셋째, 인내심을 갖고 아이가 말하는 시간을 충분히 할애해줍니다.

넷째, 아이의 말을 대신해서 양육자가 말하거나 재촉하지 않습니다.

다섯째, 질문이나 의견에 대해 아이가 대답하기 전에 잠시 숨 고를 시간을 줍니다.

마지막 여섯째, 아이가 심하게 말을 더듬는다면 정확한 진단을 위해 전문가의 도움을 받습니다.

이 개월 수에는 이런 걸 할 수 있어요

개월수	0~12개월
감각 통합 [신체 발달]	**0~3개월** • 주로 누워 있고 손가락을 움켜쥡니다. (1개월) • 손에 무엇인가 들어오면 꽉 잡지만 금방 떨어트립니다. (2개월) • 엎드려서 조금씩 머리와 가슴을 듭니다. (2개월) • 30초 동안 손에 장난감을 쥡니다. (3개월) **4~6개월** • 엎드려서 팔꿈치를 지지하고 머리를 듭니다. (4개월) • 양손에 하나씩 물건을 쥡니다. (5개월) • 손가락으로 놀기 시작합니다. (5개월) • 엎드린 상태에서 바로 돌아서 눕기도 합니다. (6개월) • 배를 바닥에 대고 손에 힘을 주고 다리를 끌며 배밀이를 합니다. (6개월) • 작은 물건들을 긁어모으고 집어 올립니다. (6개월) **7~9개월** • 5분 동안 혼자서 앉아 있습니다. (8개월) • 네발 기기를 하고 잡고 섭니다. (9개월) • 컵에 작은 블록을 넣고 꺼냅니다. (9개월) • 손가락으로 물건을 집어 듭니다. (9개월) **10~12개월** • 잠깐이지만 도움 없이 혼자 서 있습니다. (10개월) • 엄지와 검지를 사용해 물건을 집고 찢기 등의 행동을 모방합니다. (10개월) • 장난감 자동차를 밀기도 합니다. (11개월) • 물건을 가리킵니다. (11개월) • 한 손을 잡아주면 몇 발짝 걸어갑니다. (12개월)

개월수	0〜12개월

수용언어

0〜6개월

· 사람의 목소리를 알아듣고 소리가 나는 곳을 쳐다봅니다.
· 아기가 어떤 행동(울기, 놀기 등)을 할 때 말을 걸면 행동을 멈추고 말소리에 집중합니다.

7〜12개월

· 맘마, 엄마, 빠빠이, 까꿍 등 익숙한 단어를 이해하고 반응합니다.
· '잼잼, 도리도리, 빠이빠이'와 같은 행동들을 이해하고 모방합니다.
· '주세요, 어부바, 코〜 자자, 가자' 등 제스처(손짓, 몸짓)와 함께 말하는 말(동사)을 이해합니다.
· '안 돼'라는 금지어를 듣고 행동을 잠깐 멈춥니다.
· 자기 이름을 이해하고 반응합니다.

언어

[언어 발달]

표현언어

0〜6개월

· 감정과 욕구를 울음으로 표현합니다.
· 기분에 따라 소리의 형태를 다르게 표현합니다.
· 주로 모음으로 옹알이를 합니다.

7〜12개월

· 억양과 소리로 감정을 표현합니다.
· 옹알이가 자곤(성인의 낱말 운율과 유사한 무의미한 소리)으로 바뀝니다.
· 인사하기, 고개 젓기(아니야), 손가락으로 가리키기 등 사회적으로 통용되는 몸짓언어를 사용합니다.
· '짝짜꿍', '코코코', '잼잼' 등의 놀이를 합니다.
· '엄마', '아빠', '맘마' 등 익숙한 한 낱말을 모방하거나 스스로 표현합니다. (1〜3개 이내)

이 개월 수에는 이런 걸 할 수 있어요

개월수	0~12개월
심리 [정서와 사회성]	**0~3개월** • 양육자를 향해 팔을 뻗으며 안기고 싶어 합니다. • 안아주면 양육자의 팔 혹은 어깨를 잡으려는 등 안기에 참여합니다. • 양육자의 목소리를 듣고 반응합니다. • 양육자의 얼굴을 보고 사회적 미소를 지어 보입니다. • 간지럼 태우기, 얼러주기에 웃거나 반응합니다. **4~6개월** • 즐거움을 웃음으로 표현하고, 또 해달라며 기대합니다. • 까꿍놀이를 좋아하고 기대합니다. • 좋고 싫음을 몸짓으로 표현합니다. (예 싫어하는 음식을 주면 밀어내기 등) **7~12개월** • 낯선 사람을 보면 울거나 경계합니다. • 거울 속 자신을 알아봅니다. • 대상영속성을 획득해서 물건을 수건으로 가려두면 찾으려고 합니다. • 선호도가 뚜렷해집니다. (예 엄마, 아빠가 두 팔을 벌리고 있으면 더 좋아하는 사람에게 가서 안김) • 칭찬받으면 좋아합니다. • 기본적인 신변 처리가 가능해집니다. (예 컵으로 물 마시기)

개월수	13~24개월

감각 통합

[신체 발달]

13~18개월

- 지지 없이 서서 혼자 걸을 수 있고, 여기저기 낙서를 시작합니다. (13개월)
- 두 손을 잡고 계단에 두 발을 차례로 놓으며 오르고 내립니다. (16개월)
- 블록을 2개 이상 쌓아 올립니다. (16개월)
- 공을 손으로 잡아서 던지고, 책을 한 장씩 넘깁니다. (18개월)

19~24개월

- 큰 공을 찹니다. (20개월)
- 도움 없이 제자리에서 두 발을 모아 뜁니다. (23개월)
- 블록 6개 정도를 한 번에 쌓아 올립니다. (23개월)
- 도움 없이 미끄럼틀을 오르고 타고 내려옵니다. (24개월)
- 수직선 긋기를 모방합니다. (24개월)

언어

[언어 발달]

수용언어

- 250~300개의 수용어휘를 습득합니다.
- 가족 명칭을 이해합니다.
- '누구', '무엇'으로 시작되는 의문사를 이해합니다.
- 여러 물건 중에서 익숙한 사물을 고릅니다.
- 대표적인 신체 부위를 이해합니다.
- 그림 상징과 실제 사물을 연결합니다.
- 두 가지 지시를 듣고 수행합니다. (예 "빠방 가지고 엄마한테 오세요")

표현언어

- 50~100개의 표현어휘를 습득합니다.

다음 페이지에 이어짐

이 개월 수에는 이런 걸 할 수 있어요

개월수	13~24개월
언어 [언어 발달]	• 제스처나 말로 의사소통합니다. • 의도를 가지고 사용하는 단어가 많아지고 정확해집니다. • 두 낱말을 조합해 문장으로 표현합니다. • "뭐야?"라는 질문을 하기 시작하고 질문에 대답합니다. • 질문할 때 말끝을 높여서 물어봅니다.
심리 [정서와 사회성]	**13~18개월** • 원하는 것을 손으로 가리키거나 양육자가 가리키는 것을 봅니다. • 원하는 것을 가리키며 달라는 등 적극적인 상호작용이 가능합니다. • 간단한 심부름이 가능합니다. (예 기저귀 버리기) • 양육자와 함께 그림책을 보거나 이야기 듣는 것을 좋아합니다. • 자기를 중심으로 한 상징놀이를 합니다. (예 빈 컵을 들고 물 마시는 척하기) • 자기 신체 이외에 인형이나 다른 물체를 가지고 상징 놀이를 합니다. (예 인형 업어주기, 인형 재우기) • 양육자의 행동을 흉내 냅니다. (예 엄마가 통화하는 흉내 내기, 집안일) • 고양이나 사자 울음소리를 내는 등 동물의 행동을 모방합니다. • 음악을 듣거나 양육자가 노래를 불러주면 몸을 흔들며 즐깁니다. • 집안일에 참여하기 시작합니다. (예 장난감 정리, 빨래통에 옷 넣기) • 자조 기술을 시작합니다. (예 도움받아 양말 신고 벗기, 바지 벗기) **19~24개월** • 무리에 섞여 있어도 혼자놀이를 더 좋아합니다. (예 끄적이기, 스티커 붙이기) • '쎄쎄쎄' 혹은 손 유희를 따라 합니다. • 자조 기술이 늘어납니다. (예 도움받아 신발 신기, 티셔츠 입기) • 2가지 이상의 상징 행동을 연결 짓는 놀이를 합니다. (예 인형을 눕힌다 + 토닥인다 + 우유를 먹인다) • 칭찬해주면 뿌듯해하거나 다른 사람을 질투합니다.

개월수	25～36개월
감각 통합 [신체 발달]	• 구슬 끼우기를 할 수 있습니다. (28개월) • 발끝으로 걷거나 선을 따라 3m 정도 걸어갑니다. (30개월) • 종이를 잡아주면 가위로 싹둑싹둑 자릅니다. (31개월) • 혼자서 세발자전거 페달을 돌려 2m 정도 갑니다. (31개월) • 두 발로 45cm 정도 점프합니다. (33개월) • 장애물과 모퉁이를 돌면서 뜁니다. (33개월) • 물건 뚜껑을 돌려서 열기도 합니다. (35개월) • 혼자서 발을 교대로 사용하며 계단을 오르고 내립니다. (36개월)
언어 [언어 발달]	수용언어 • 500～900개 이상의 수용어휘를 습득합니다. • 대부분의 의문사를 이해합니다. • 간단한 질문을 이해하고 수행합니다. • 사물의 기능을 이해합니다. • 크기, 위치, 양적인 개념을 이해하기 시작합니다. • '이따가', '나중에', '오늘' 등 시간 개념을 이해합니다. 표현언어 • 50～250개 이상의 표현어휘를 습득합니다. • 다양한 의문사를 사용하고 질문합니다. • '나, 너'와 같은 대명사로 자신을 표현합니다. • '싫어, 없어, 아니야'와 같은 부정어를 사용합니다. • 일상생활에서 자신이 경험한 것을 말합니다. • 노래와 율동을 할 수 있습니다. • 3～4개의 단어를 붙여서 문장으로 표현합니다.
심리 [정서와 사회성]	• 좋고 싫음이 분명해지고 고집과 떼쓰기가 늘어납니다. • 도움을 받지 않고 혼자서 하려고 합니다. (예 혼자 과자봉지 뜯기) • 스스로 하는 일이 늘어납니다. (예 신발 벗기, 양말 벗기) • 또래와 서로 같은 장난감을 가지고 각자 놀이를 합니다. (30개월 이후) • 인형이 말하는 것처럼 행동하는 놀이를 합니다.

이 개월 수에는 이런 걸 할 수 있어요

개월수	37∼48개월
감각 통합 [신체 발달]	• 한 발 서기를 합니다. (37개월) • 점프해서 뛰어내립니다. (37개월) • 원을 모방해 그립니다. (37개월) • 선 안에만 색칠하려고 시도합니다. (42개월) • 동그라미를 사용해 얼굴의 눈, 코, 입을 그립니다. (42개월) • 직선을 따라 자릅니다. (45개월) • 3∼5가지 율동을 합니다. (48개월) • 네모를 그립니다. (48개월)
언어 [언어 발달]	수용언어 • 1,200∼2,400개 수용어휘를 습득합니다. • 짧고 단순한 이야기를 경청합니다. • 복잡한 지시도 수행합니다. • 과거, 현재, 미래 시제를 이해합니다. • 원인과 결과, 예측하기, 연상하기 등 상위 언어 개념이 발달합니다. 표현언어 • 800∼1,500개 이상의 표현어휘를 습득합니다. • 과거의 경험을 말하고 미래를 이야기합니다. • 화용언어 능력이 점차 발달합니다. (정보 얻기, 요구, 정보 주기, 감정 표현, 협상 등) • 추론 능력이 발달합니다. • 모국어를 규칙이나 문법을 맞게 사용하기 시작합니다. • 발음이 대체로 정확해집니다.
심리 [정서와 사회성]	• 차례를 지킵니다. • 장난감을 양보하거나 빌리기도 합니다. • 가게 놀이, 병원 놀이 등 다양한 역할놀이를 합니다. • 감정을 말로 전달합니다. • 또래와 서로 같은 장난감을 가지고 함께 놉니다. (42개월 이후)

개월수	49~60개월
감각통합 [신체 발달]	• 발끝으로 서고 뛰기도 합니다. (49개월) • 발을 바꿔가며 사다리를 오르고 내려갑니다. (49개월) • 일곱 조각 퍼즐을 완성합니다. (52개월) • 가위로 네모, 원을 자릅니다. (53개월) • 머리, 눈 두 개, 팔, 다리, 몸통으로 된 완전한 사람을 그립니다. (54개월) • 세모를 그립니다. (60개월) • 혼자서 줄넘기를 한 번 정도 합니다. (60개월) • 보조 바퀴가 달린 두발자전거를 탑니다. (60개월) • 평균대에서 앞, 뒤, 옆으로 걸어갑니다. (60개월)
언어 [언어 발달]	수용언어 • 단체 생활에서 지시를 듣고 수행, 해결할 능력이 발달합니다. • 일이 일어난 순서를 이해합니다. • 추상적 개념을 이해합니다. (예 낮/밤, 계절, 어제/오늘/내일, 전/후) • 수수께끼, 비유, 간단한 농담 등 숨은 의도나 의미를 파악합니다. 표현언어 • 문법 규칙(시제, 조사, 접속사)이 정교해집니다. • 대화할 때 모든 의문사 사용이 가능합니다. • 문장과 문장을 연결해서 이야기를 만듭니다. • 말로 대화하며 상호작용이 원활해집니다. • 자음은 90% 정도 정확하게 말합니다.
심리 [정서와 사회성]	• 할 수 있는 행동과 하면 안 되는 행동을 인지합니다. • 숨바꼭질 혹은 술래잡기와 같이 규칙이 있는 놀이를 또래와 함께합니다. (54개월 이후) • 경쟁심이 높아지고 경쟁 놀이를 즐깁니다. • 화를 내는 대신 선생님께 도움을 청하는 등 다른 방법으로 문제를 해결합니다. • 다른 사람의 감정을 이해합니다.

감각통합·언어·심리 영역에 꼭 필요한 전문가 추천 놀이법

0~5세 성장 발달에 맞추는 놀이 육아

초판 1쇄 발행 2022년 10월 5일
초판 14쇄 발행 2024년 10월 30일

지은이 김원철, 강윤경, 김연목, 이지영
그린이 전선진
펴낸이 박지원
펴낸곳 도서출판 마음책방

출판등록 2018년 9월 3일 제2019-000031호
주 소 서울시 강서구 공항대로 209, 704호(마곡동, 지엠지엘스타)
대표전화 02-6951-2927
대표팩스 0303-3445-3356
이메일 maeumbooks@naver.com

ISBN 979-11-90888-21-9 13590

• 도서출판 마음책방은 심리와 상담 책으로 지친 마음을 위로하고,
  발달장애 책으로 어린 아이들의 건강한 성장을 돕습니다.

• 이 도서는 한국출판문화산업진흥원의
  '2022년 중소출판사 출판콘텐츠 창작 지원 사업'
  의 일환으로 국민체육진흥기금을 지원받아 제작되었습니다.